普通高等教育"十二五"规划教材

# 农学毕业生产实习指导

文卿琳　郭伟锋　翟云龙　编著

中国水利水电出版社
www.waterpub.com.cn

## 内 容 提 要

本书共三篇,第一篇介绍了耕作部分,主要包括耕作制度及作物布局优化方案设计;不同复种方式效益评价;以及一个地区(或农户)耕作制度的综合设计等内容。第二篇介绍了作物栽培部分,主要包括小麦、水稻、玉米、棉花、大豆的形态特征、播前准备、田间管理、田间测产及室内考种等内容。第三篇介绍了遗传育种部分,主要包括棉花、小麦、水稻、大豆、玉米等的遗传育种程序,棉花、玉米的杂交和自交及制种技术;棉花抗虫、病调查等内容。

本书除农学专业使用外,也可供植保、资环专业及一般农业技术人员参考使用。

**图书在版编目(C I P)数据**

农学毕业生产实习指导 / 文卿琳,郭伟锋,翟云龙编著. -- 北京 : 中国水利水电出版社,2011.9
普通高等教育"十二五"规划教材
ISBN 978-7-5084-8763-2

Ⅰ. ①农… Ⅱ. ①文… ②郭… ③翟… Ⅲ. ①农学—高等学校—教材 Ⅳ. ①S3

中国版本图书馆CIP数据核字(2011)第198600号

| 书　　名 | 普通高等教育"十二五"规划教材 **农学毕业生产实习指导** |
|---|---|
| 作　　者 | 文卿琳　郭伟锋　翟云龙　编著 |
| 出版发行 | 中国水利水电出版社<br>(北京市海淀区玉渊潭南路1号D座　100038)<br>网址:www. waterpub. com. cn<br>E-mail:sales@waterpub. com. cn<br>电话:(010) 68367658(发行部) |
| 经　　售 | 北京科水图书销售中心(零售)<br>电话:(010) 88383994、63202643、68545874<br>全国各地新华书店和相关出版物销售网点 |
| 排　　版 | 中国水利水电出版社微机排版中心 |
| 印　　刷 | 北京市北中印刷厂 |
| 规　　格 | 184mm×260mm　16开本　13.25印张　315千字 |
| 版　　次 | 2011年9月第1版　2011年9月第1次印刷 |
| 印　　数 | 0001—3000册 |
| 定　　价 | **25.00**元 |

凡购买我社图书,如有缺页、倒页、脱页的,本社发行部负责调换

# 前言

　　毕业生产实习是本科教学计划中极为重要的教学环节，是在完成《耕作学》、《作物栽培学》、《作物育种学》学习后，综合运用各学科知识，学习解决生产实际问题的有效途径。通过生产与毕业实习，学生可以把课堂上学到的理论和基本技能在生产实践中加以初步应用，从而巩固和提高专业知识水平，为走向社会奠定一定基础，实现本专业的培养目标。

　　目前，毕业生产实习指导还处于探索阶段，对于实习的项目、测定的仪器和手段还有待于进一步完善和提高。至今国内还没有一本适合农学专业的《毕业生产实习指导》。为了满足实践教学需要，根据专业的实际情况，塔里木大学编写了这本教材。

　　本书的编写内容紧紧围绕农学专业毕业生产实习教学大纲，旨在使学生掌握耕作、栽培、遗传育种等的实践教学内容，增强学生独立观察问题、思考问题、分析问题和解决实际问题的能力。

　　本书内容涵盖资料调查、田间试验、规划设计和室内测定分析，学生通过使用本指导书，可以对农学专业相关的研究以及生产实践有一个比较清晰的、系统的、完整的认识。

　　本教材共三篇三十六章，包括耕作、作物栽培、遗传育种三部分内容。在采用本教材时，可以根据地区的特点，加以取舍，也可以结合当地的需要补充讲义。

　　在本教材的编写过程中，得到了李新裕教授、万素梅教授、梅拥军教授、胡守林教授、曹新川副教授、吴全忠副教授等的大力支持，得到了作物栽培学兵团重点学科建设项目、农学特色专业建设项目的大力支持，在此一并表示感谢。

　　由于时间仓促，编者能力有限，在使用教材的过程中，如发现有不妥之处，敬请使用者给予指正。

编　者

2011 年 6 月

# 目录

# 第 一 篇

## 耕 作 部 分

# 第一章　耕作制度及有关资源的调查与辨识

## 第一节　农业资源调查与分析

### 一、目的意义

通过调查，建立与认识农业资源的概念、类型与特点，学习农业资源调查的方法，为了解和制订耕作制度奠定基础。

### 二、实践内容

（一）农业资源的调查

资源决定耕作制度，了解和认识资源的存在状况是制订合理耕作制度的基础。

1. 自然资源调查

（1）土地资源：各类土地资源（耕地、林地、草地、水域）的面积与利用现状，各类农田的面积与比例以及以后改良的方向。

（2）气候资源：光照、热量及降雨的数量、强度、季节分布及其变率与保证率。

（3）生物资源：当地现有的农业生物类型、种质资源与品种，包括大田作物、林果、蔬菜、花卉、杂草以及家畜、家禽、水生动物等。

（4）水资源：包括地表水、地下水资源的数量、季节分布、年变率、水质状况以及水资源利用现状。

2. 社会经济资源调查

（1）农业现代化水平：农业机械化、水利化、化学化、电气化程度。

（2）社会经济条件：各种资源和产品的价格、产值、利润、劳动力的数量、农业结构与种植业结构。

（3）科学技术水平：农业技术人员拥有量、农民文化素质、新技术应用程度及整体农艺水平。

（二）农业资源的分析与评价

（1）对所调查的农业资源状况进行比较和分析，看出农业资源优势所在及可能的开发潜力。

（2）分析当地农业资源中的限制因素以及克服的可能途径。

（3）从资源总体状况考虑，评价被调查单位今后农业生产的发展方向。

### 三、方法步骤

1. 收集基础资源

从拟调查单位所在的地、县、乡的农业区划、种植业区划、土壤普查、农业统计资料及气象资料、生物品种资源调查等资料中收集所需的基础资料。

2. 实地典型调查

对基础资料中不完整而需要补充和更新的资料进行实地走访调查，走访农业、统计及生产部门的负责人，根据需要还可进行典型村、户抽样调查。

3. 资料整理分析

全面核查所调查数据，填写有关调查表，根据实践内容中要求进行计算与分析。

**四、作业**

（1）选择一个生产单位，对其农业资源进行调查。

（2）分析调查单位自然资源和社会经济条件的特点、潜力与存在的问题以及进一步发展的措施。

# 第二节  耕作制度调查与分析

**一、目的意义**

初步了解耕作制度所包含的基本内容，为深入系统地学习耕作制度奠定基础。

**二、实践内容**

（一）调查内容

耕作制度由种植制度和养地制度两部分组成。种植制度包括作物布局、种植模式、轮作连作等内容。养地制度包括农田培肥、农田灌溉、土壤耕作和农田防护等内容。

1. 作物布局调查

（1）作物种类、面积与分布。

（2）作物结构：粮食、经济、饲料等作物的面积与比例，夏秋粮的面积与比例。

（3）各类作物单产水平与总产量。

2. 种植模式调查

（1）熟制一年之内作物季数。

（2）复种、间作、混作、套作、单作的类型和面积。

（3）各类种植方式的季节衔接、带型与技术。

3. 轮作方式调查

（1）作物轮换的顺序、周期，典型作物轮作方式、面积及比例。

（2）作物连作的年限、面积及比例。

4. 土壤耕作措施调查

（1）主要耕作机具类型，各种耕作措施应用的时间、强度。

（2）主要作物的耕作方法。

5. 农田培肥制度调查

（1）肥料的种类、数量、单位面积施用量。

（2）绿肥、豆科作物种植面积和占农田播种面积的比例。

（3）秸秆还田面积和单位耕地还田量。

（4）主要作物施肥方法与用量，肥料产投比。

6．农田灌溉制度调查

（1）灌溉地面积及占耕地面积比例。

（2）灌溉水源类型及保证率。

（3）主要作物灌水次数、灌水时间与灌水量及全年的灌水定额，灌溉水利用率。

（4）灌溉方式、面积及比例。

7．农田保护制度调查

（1）各种坡度的面积及比例。

（2）梯田面积与比例。

（3）坡地与梯田的水土流失量。

（4）坡地沟垄种植面积与比例，森林与多年生牧草种植面积与比例。

（5）风沙危害地区、利用防风林带保护的农田面积与比例，利用防风障保护的农田面积与比例，垄作的面积。

（6）农田杂草的主要类型和主要防除方法。

（二）分析与评价

从提高资源的利用程度和保护角度评价该耕作制度是否合理，需要改进的方面和可能的措施。

三、方法与步骤

在农业资源调查的基础上，进一步深入调查耕作制度的各个方面，采取资料收集与实地调查相结合，必要时采用典型调查方法。

四、作业

1．耕作制度

（1）作物布局（表1－1）。

表1－1　　　　　　　　　　粮食、经济、饲料作物组成

| | 作物名称 | 小麦 | 玉米 | 大豆 | 水稻 | 合计 |
|---|---|---|---|---|---|---|
| 粮食作物 | 面积（hm²） | | | | | |
| | 单产（kg/hm²） | | | | | |
| | 总产（kg） | | | | | |
| | 产值（元/hm²） | | | | | |
| | 作物名称 | 棉花 | 花生 | 油菜 | 胡麻 | 合计 |
| 经济作物 | 面积（hm²） | | | | | |
| | 单产（kg/hm²） | | | | | |
| | 总产（kg） | | | | | |
| | 产值（元/hm²） | | | | | |
| | 作物名称 | 苜蓿 | 三叶草 | 紫云英 | 合计 | |
| 饲料作物 | 面积（hm²） | | | | | |
| | 单产（kg/hm²） | | | | | |
| | 总产（kg） | | | | | |
| | 产值（元/hm²） | | | | | |

（2）种植模式。

1）历年复种指数调查（表 1-2）与计算。

复种指数＝农作物总播种面积（$hm^2$）×100/耕地面积

表 1-2 历 年 复 种 指 数

| 年份 | | | | | |
|---|---|---|---|---|---|
| 复种指数 | | | | | |

2）主要种植模式与作物历调查（表 1-3）。

表 1-3 种 植 方 式 与 作 物 历

| 月份／种植方式 | 1 | 2 | 3 | 4 | 5 | 6 | 7 | 8 | 9 | 10 | 11 | 12 |
|---|---|---|---|---|---|---|---|---|---|---|---|---|
| 小麦/玉米 | | | | | | | | | | | | |
| 玉米/大豆 | | | | | | | | | | | | |
| | | | | | | | | | | | | |
| | | | | | | | | | | | | |

3）图示说明间混套作的田间配置带型。

（3）轮作方式：列出主要作物轮作顺序和连作的茬口衔接方式。

（4）土壤耕作措施（表 1-4）。

表 1-4 主要作物土壤耕作作业项目与时间

| | 月份／作物项目 | 1 | 2 | 3 | 4 | 5 | 6 | 7 | 8 | 9 | 10 | 11 | 12 |
|---|---|---|---|---|---|---|---|---|---|---|---|---|---|
| 小麦 | 生育期 | | | | | | | | | | | | |
| | 作业项目 | | | 中耕 | | 收获，翻耕 | | 翻耕 播种 | | 中耕 | | | |
| | 作业时间 | | | △ | | △ △ | | △ △ | | △ | | | |

（5）农田培肥（表 1-5）。

表 1-5 主要作物肥料投入量

| 作物 | 化 肥 | | | 有 机 肥 | | | 肥料产投比 |
|---|---|---|---|---|---|---|---|
| | N | $P_2O_5$ | $K_2O$ | N | $P_2O_5$ | $K_2O$ | |
| | | | | | | | |
| | | | | | | | |
| | | | | | | | |

2. 耕作制度的综合评价。

# 第二章　农田生产潜力估算

## 一、目的

农田在资源存在的可能范围内，作物应实现的生产能力称为农田作物生产潜势（简称农田生产潜势）。它是气候—作物—土壤系统综合作用的结果。通过研究作物生产潜势，可以知道一个地区的作物产量还有多大潜力，影响当地作物生产主要障碍因素是什么？从而寻找出开发农田生产潜力和提高作物产量的途径。通过本次实践，学习和掌握农田生产潜力的估算方法及利用生活要素逐步法计算作物生产潜力的基本原理。全面考虑光、温、水、土、肥对农田生产潜力的综合影响。学会分析实际产量和潜在产量存在差异原因。

## 二、农田生产潜力的主要内容

农田生产潜力指农作物在自然资源存在的可能范围内，应该实现的生产能力，亦称产量潜势，最高产量。

影响作物生产潜力因素有：一是作物遗传特性，表现为不同的作物种类和品种生产潜力不同；二是作物所处环境条件，同一作物与品种在不同的光、温、水、土、养分条件下所表现的生产潜力不同。

生活要素逐步订正法的基本原理是根据科学实验数据，分析作物生产力形成与其生产要素光、温、水、土壤、肥料等函数关系，然后计算假设其他诸要素完全满足时，某一要素所具有的生产潜力，如在假设温度、降雨、肥料、土壤条件完全满足作物生长的条件下，某地光资源具有的潜力叫光合潜力，除光与温度以外的其他条件完全满足时的潜力叫光温潜力，依次进行逐步订正，每订正一次，增加一个订正因素。

不同农业资源对作物生产潜力影响表达式如下：

1. 光合生产潜力

$$Y_L = F(Q)$$

2. 光温生产潜力

$$Y_{LT} = F(Q) \cdot F(T)$$

3. 气候生产潜力

$$Y_{LTW} = F(Q) \cdot F(T) \cdot F(W)$$

4. 土壤生产潜力

$$Y_{LTWS} = F(Q) \cdot F(T) \cdot F(W) \cdot F(S)$$

## 三、测算方法与步骤

### （一）光合生产潜力

光合生产潜力是指在不同纬度理想的自然环境中，作物生长繁茂时期可能达到的物质生产量。所谓理想的自然环境，是指温度、水分、养分均处于对作物生长最佳状态，同时无病虫杂草的危害，在这样一个理想的环境条件下，光合潜势唯一取决于光照强度和光能利用率。

估算公式为：

$$Y_L = F(Q) = KEQ$$

其中

$$K = F/H$$

$$Q = \sum LP$$

式中　$Y_L$——光合生产潜力，kg/亩；

　　　$K$——能量转化系数；

　　　$E$——光能利用率，%；

　　　$Q$——作物生长期光合有效辐射，kJ/亩；

　　　$F$——经济系数；

　　　$H$——每公斤干物质热量，kJ/kg；

　　$\sum L$——太阳总辐射量；

　　　$P$——光合有效辐射占$\sum L$的比例。

（二）光温生产潜力

光温生产潜力指选用最适应其生长环境的高产品种，并假定在不受水分、养分、盐渍、病虫害等限制的条件下，当地该作物以光、热辐射为主体的热量资源，所能达到的最大生产力。其计算公式为

$$Y_{LT} = F(Q) \cdot F(T)$$

式中　$F(T)$——温度订正系数；

　　　$Y_{LT}$——光温生产潜力，kg/亩；

　　　$T$——作物生长期、月或旬平均气温。

且

喜凉作物　　　　　$F(T) = \begin{cases} 0 & T \leqslant 0℃ \\ \dfrac{t}{20} & 0 < T < 20℃ \\ 1 & T \geqslant 20℃ \end{cases}$

喜温作物　　　　　$F(T) = \begin{cases} 0 & T \leqslant 0℃ \\ \dfrac{t-10}{20} & 0 < T < 20℃ \\ 1 & T \geqslant 30℃ \end{cases}$

（三）气候生产潜力

气候生产潜力的计算公式为

$$Y_{LTW} = Y_{LT} \frac{P}{E_c}$$

式中　$Y_{LTW}$——气候生产潜力，kg/亩；

　　　$\dfrac{P}{E_c}$——水分订正系数；

　　　$P$——供水量；

$E_c$——需水量。

两种情况：

（1）灌溉农田通过合理灌溉能满足作物需水不成为限制因子时，即 $P=E_c$，水分订正系数为 1，则

$$Y_{LTW}=Y_{LT}$$

（2）对于旱作农田有下面公式：

$$Y_{LTW}=\frac{P_b\times 666.7\times 1)^2}{K_b\ (10-C)\ \varepsilon}$$

式中　$P_b$——有效降水量，有效降水量＝全年降水－（流失量＋蒸发量）；

　　　$K_b$——作物需水系数；

　　　$C$——籽粒含水量，%；

　　　$\varepsilon$——粒秆比积值（如谷物粒秆比 1∶2.5，则比积值为 2.5）。

（四）土壤生产潜力

土壤生产潜力的计算公式为

$$Y_{LTWS}=Y_{LTW}K_s$$

其中

$$K_s=\frac{实际供肥有效量}{作物需肥量}$$

式中　$Y_{LTWS}$——土壤生产潜力；

　　　$K_s$——肥力订正系数。

四、作业

根据表 2-1 与表 2-2 所给资料，估算以下四地玉米光、温、水、土生产潜力，并简要分析不同地区限制玉米产量的原因。

表 2-1　　　　　　　　　各地月平均气温与年降水量

| 地区 | 月 平 均 气 温（℃） | | | | | | | | | | | | 降水量（mm） |
|---|---|---|---|---|---|---|---|---|---|---|---|---|---|
| | 1月 | 2月 | 3月 | 4月 | 5月 | 6月 | 7月 | 8月 | 9月 | 10月 | 11月 | 12月 | |
| A | −27.0 | −25.4 | −11.9 | 2.9 | 14.4 | 17.5 | 19.9 | 17.0 | 8.6 | 1.5 | −12.3 | −24.2 | 351.1 |
| B | −16.2 | −13.1 | −4.4 | 6.0 | 14.7 | 20.2 | 22.6 | 20.8 | 13.8 | 5.2 | −5.7 | −13.8 | 409.8 |
| C | −14.3 | −10.9 | −2.7 | 7.9 | 16.2 | 21.1 | 23.9 | 22.2 | 15.6 | 7.2 | −3.2 | −11.7 | 394.7 |
| D | −11.7 | −9.0 | −1.3 | 8.5 | 16.5 | 20.8 | 23.5 | 21.6 | 15.8 | 8.0 | −1.7 | −9.3 | 361.0 |

表 2-2　　　　　　　　各地玉米生育期内太阳总辐射和土壤养分情况

| 地区 | 总辐射（kcal/cm²） | 生理辐射比例 | 出苗期（月-日） | 成熟期（月-日） | 土壤养分（kg/kg） | | |
|---|---|---|---|---|---|---|---|
| | | | | | N | P₂O₅ | K₂O |
| A | 60.69 | 0.45 | 05-20 | 09-10 | 266 | 6.3 | 264.6 |
| B | 65.62 | 0.45 | 05-10 | 09-21 | 163 | 6.7 | 102.0 |
| C | 79.26 | 0.45 | 05-09 | 09-21 | 69 | 4.1 | 118.0 |
| D | 81.38 | 0.45 | 05-05 | 09-25 | 38 | 3.5 | 92.1 |

其他参考数据：

（1）玉米最大光能利用率按 5% 计算。

（2）$P_b$ 按降水量 60% 计算。

（3）玉米需水系数 $K_b$ 按 280 计算，经济系数按 0.45 计算，籽粒含水量按 10% 计算。

（4）玉米每公斤籽粒需肥：N 为 2.57kg，$P_2O_5$ 为 0.86kg，$K_2O$ 为 2.14kg。

（5）玉米对氮的利用率按 40%，磷的利用率为 20%，钾的利用率为 50%。

（6）玉米能量转化系数为 16300kJ/kg。

# 第三章　作物布局优化方案设计

## 第一节　线性规划算法简介

### 一、目的意义

作物布局是指在一个地区或一个生产单位所种植的作物种类及各作物面积比例的安排。作物布局是组织农业生产的一项重要战略措施，它关系到能否因地制宜，充分而合理地利用当地农业资源，达到农业生产的高产、稳产、增益的问题。

一个地区采用不同的作物布局方案，会收到不同的经济及生态效果。作物布局方案的拟定属于多变量、多目标的复杂问题，它不仅要考虑当地的自然条件，而且受到当地的社会经济条件技术水平及国家、集体、个人对于农业生产要求的制约，依靠一般的定性分析方法很难对这种具有多个因素、多项目标的复杂问题进行综合的考虑与平衡，找出最优的方案。最优化技术中的线性规划能够帮助对此类复杂问题作出定量分析，并得出最优方案。因此，作物布局的线性规划就是利用线性规划的理论与技术来解决在一定的自然条件和社会经济资源条件下能够达到最佳技术、经济及生态效果的作物最佳配置比例的最优化技术方法。

通过本实验，了解从线性规划方法来制定作物布局方案的原理和方法，培养系统分析，综合平衡的能力。

### 二、线性规划方法的作用和意义

线性规划是系统工程中最优化技术方法之一。它主要解决两个方面的问题：一是"省"——如何用最少的人力、物力、财力等资源来完成既定的（定量的）任务；二是"多"——如何合理地充分地利用现有的资源（人力、物力、财力等资源）来完成最大量的任务。

线性规划设计是在完成了对大量定性资料及对系统的定性的描述性的分析基础上，为了进一步明确各变量之间的关系，协调与寻求各部门生产的最优比例与组合而进行的定量分析。它是在计算机的帮助下，依靠建立数学模型的方法，经过多次的反馈、修正完成的。

## 第二节　用线性规划选择作物布局方案的步骤

### 一、资料的收集

在确定了所需要研究系统的范围之后，需要进行对系统的考察和资料的收集，包括系统的性质、特点，系统的组成部分，组成部分间的制约、协同、转化关系及其定性的资料，系统与环境之间的关系等。

## 二、制定规划目标

规划目标即人们对所研究的系统所追求的目标。一般选择能够表示此系统的特性，人们所追求的诸如产品总产量、总产值、净收益、低成本等作为目标；规划的结果是求出其极值。规划目标是线性规划设计的核心，约束条件的建立要求以目标来确定。

## 三、建立约束条件

为了实现所追求的目标，安排生产时受到的各种限制及人为的客观要求等均可作为约束条件，这往往要依靠规划前的一系列定性分析及以往的经验来确定，如自然资料限制、社会资源限制、财力资源限制以及人为要求限制（必须量限制）等。

## 四、建立模型

建立模型是将原来的生产问题抽象为数学问题。首先根据问题的性质确定目标函数，然后根据问题的内部关系建立约束方程（即一组线性等式或不等式）。这里关键的是变量参数的确定，它直接关系着规划的效果与成败，这往往需要规划前的大量调查、测算与实验，并进行一些必要的定性、定量分析。

## 五、问题的求解

求解线性规划问题的方法很多，应用最普遍的方法是单纯形法，原则上，此法可以求解一些线性规划问题。当所研究的问题很复杂时，并可借助计算机求解。

## 六、结果的灵敏度分析

所谓灵敏度就是目标函数的最优值对于约束条件的单位变化的反应灵敏度。对于每个约束条件进行灵敏度分析，有助于认识那些灵敏度高的约束，可提醒在对此约束所做的调查、试验以及数据的处理都应具有较高的精度。通过灵敏度分析，还可进一步判断在规划中影响限制最优目标的主要因素。

# 第三节　线性规划的实例

## 一、实例

某块农田的 95 亩小麦收获后，准备种植 3 种秋季作物——玉米、谷子和甘薯。历年 3 种作物的平均产量为 600kg、400kg、300kg，并已知玉米每生产 600kg 需要有机肥 8 车，化肥 50kg，投工 12 个；生产 400kg 谷子需有机肥 5 车，化肥 20kg，投工 10 个；生产 300kg 甘薯需有机肥 2 车，投工 16 个。但因条件限制，供给此块农田的有机肥只有 400 车，化肥 2000kg，投工 1200 个。问如何制定种植计划才能使总产量最高。

这实际上是一个求在一定资源条件下，如何合理安排各作物生产的比例，以获得最高生产效益的问题。

为了便于分析，列出此问题的数据表，见表 3-1。

表 3-1　　　　　　　　　　某 地 资 源 条 件

| 资源\作物 | 玉米 | 谷子 | 甘薯 | 资源限制 |
|---|---|---|---|---|
| 土地（亩） | $X_1$ | $X_2$ | $X_3$ | 95 |
| 有机肥（车） | 6 | 5 | 2 | 400 |

续表

| 资源 \ 作物 | 玉米 | 谷子 | 甘薯 | 资源限制 |
|---|---|---|---|---|
| 化肥（×10kg） | 5 | 2 | 0 | 200 |
| 投工（个） | 12 | 10 | 16 | 1200 |
| 产量（×50kg） | 6 | 4 | 3 | |

下面建立模型，将生产问题抽象成数学问题：

（1）设玉米种 $X_1$ 亩，谷子种 $X_2$ 亩，甘薯种 $X_3$ 亩。

（2）目标函数：求总产最高 $f = 6X_1 + 4X_2 + 3X_3 = \text{Max}$

（3）约束条件：

1）土地 $X_1 + X_2 + X_3 \leqslant 95$。

2）有机肥 $6X_1 + 5X_2 + 2X_3 \leqslant 400$。

3）化肥 $5X_1 + 2X_2 \leqslant 200$。

4）投工 $12X_1 + 10X_2 + 16X_3 \leqslant 1200$。

5）变量 $X_1 \geqslant 0, X_2 \geqslant 0, X_3 \geqslant 0$。

整理即求 $X_1$、$X_2$、$X_3$ 满足

$$\begin{cases} X_1 + X_2 + X_3 \leqslant 95 \\ 6X_1 + 5X_2 + 2X_3 \leqslant 400 \\ 5X_1 + 2X_2 \leqslant 200 \\ 12X_1 + 10X_2 + 16X_3 \leqslant 1200 \\ X_1 \geqslant 0, \ X_2 \geqslant 0, \ X_3 \geqslant 0 \end{cases}$$

使 $f = 6X_1 + 4X_2 + 3X_3 = \text{Max}$

因此，线性规划问题的数学语言表达是：求一组变量在一定的条件下取值，使之能够满足一组约束条件，并使一个线形函数（目标函数）取得最值。

线形规划问题的标准数学模型为：

求 $X_j$（$j = 1, 2, \cdots, n$）满足下列条件：

$$\begin{cases} \sum_{j=1}^{n} a_{ij}x_j = b_i \ (i = 1, 2, \cdots, m, \ b_i \geqslant 0) \\ X_j \geqslant 0 \end{cases}$$

使 $f = c_j x_j = \text{Min}$

**二、线形规划问题的求解**

利用单纯行表计算法。以上实例求解过程如下。

1. 化标准形式（加入松弛变量）

求 $X_1$、$X_2$、$X_3$、$X_4$、$X_5$、$X_6$、$X_7$ 满足

$$\begin{cases} X_1 + X_2 + X_3 + X_4 = 95 \\ 6X_1 + 5X_2 + 2X_3 + X_5 = 400 \\ 5X_1 + 2X_2 + X_6 = 200 \\ 12X_1 + 10X_2 + 13X_3 + X_7 = 1200 \\ X_j \geqslant 0 \ (j = 1, \cdots, 7) \end{cases}$$

使 $f_1 = -6X_1 - 4X_2 - 3X_3 = Min$（即 $f = -f_1$）

2. 列初始单纯形表

初始单纯形表（见表 3-2）。

表 3-2　　　　　　　　　　　初 始 单 纯 形 表

| 基变量＼非基本变量 | $X_1$ | $X_2$ | $X_3$ | $X_4$ | $X_5$ | $X_6$ | $X_7$ | $b_i$ | 增大限 |
|---|---|---|---|---|---|---|---|---|---|
| $X_4$ | 1 | 1 | 1 | 1 | 0 | 0 | 0 | 95 | 95 |
| $X_5$ | 6 | 5 | 2 | 0 | 1 | 0 | 0 | 400 | 66.7 |
| $X_6$ | 5 * | 2 | 0 | 0 | 0 | 1 | 0 | 200 | 40 |
| $X_7$ | 12 | 10 | 16 | 0 | 0 | 0 | 1 | 1200 | 100 |
| $f_1$ | 6 * | 4 | 3 | 0 | 0 | 0 | 0 | 0 | |

3. 进行单纯形迭代（初等变换）

确定换入换出变量 $X_1$、$X_6$，确定主元为 5（表中标 * 的）。然后进行初步变换（见表 3-3）。

表 3-3　　　　　　　　　　　单 纯 形 迭 代 表

| 基变量＼非基本变量 | $X_1$ | $X_2$ | $X_3$ | $X_4$ | $X_5$ | $X_6$ | $X_7$ | $b_i$ | 增大限 |
|---|---|---|---|---|---|---|---|---|---|
| $X_4$ | 0 | 0.6 | 1 | 1 | 0 | −0.2 | 0 | 55 | 55 |
| $X_5$ | 0 | 2.6 | 2 | 0 | 1 | −1.2 | 0 | 160 | 80 |
| $X_1$ | 1 | 0.4 | 0 | 0 | 0 | 0.2 | 0 | 40 | |
| $X_7$ | 0 | 5.2 | 16 * | 0 | 0 | −2.4 | 1 | 720 | 45 |
| $f_1$ | 0 | 1.6 | 3 * | 0 | 0 | −1.2 | 0 | −240 | |

4. 非最优解，继续迭代（$f_2$ 行尚有正数）

非最优解，继续迭代（见表 3-4）。

表 3-4　　　　　　　　　　　迭 代 表

| 基变量＼非基本变量 | $X_1$ | $X_2$ | $X_3$ | $X_4$ | $X_5$ | $X_6$ | $X_7$ | $b_i$ | 增大限 |
|---|---|---|---|---|---|---|---|---|---|
| $X_4$ | 0 | 0.275 | 0 | 1 | 0 | −0.05 | −0.06 | 10 | 36.4 |
| $X_5$ | 0 | 1.95 * | 0 | 0 | 1 | −0.9 | −0.12 | 70 | 35.4 |
| $X_1$ | 1 | 0.4 | 0 | 0 | 0 | 0.2 | 0 | 40 | |
| $X_3$ | 0 | 0.325 | 1 | 0 | 0 | −0.15 | 0.06 | 45 | |
| $f$ | 0 | 0.625 * | 0 | 0 | 0 | −0.75 | −0.18 | −375 | |

5. 继续迭代

继续迭代（见表 3-5）。

第 $f$ 行所有数（最末一列除外）均小于零或等于零，迭代完成。

目标函数最优值 $f = -f_1 = -(-397.44) = 397.44$（$\times 10^2$ kg）

此时，玉米种植 $X_1 = 25.6$ 亩，谷子种植 $X_2 = 35.9$ 亩，甘薯种植 $X_3 = 33.3$ 亩。

表 3-5　　　　　　　　　　　　迭　代　表

| 非基本变量<br>基变量 | $X_1$ | $X_2$ | $X_3$ | $X_4$ | $X_5$ | $X_6$ | $X_7$ | $b_i$ |
|---|---|---|---|---|---|---|---|---|
| $X_4$ | 0 | 0 | 0 | 1 | −0.14 | 0.08 | −0.04 | 0 |
| $X_5$ | 0 | 1 | 0 | 0 | 0.5 | −0.46 | −0.06 | 35.9 |
| $X_1$ | 1 | 0 | 0 | 0 | −0.2 | 0.33 | 0.02 | 25.6 |
| $X_3$ | 0 | 0 | 1 | 0 | −0.15 | 0 | 0.08 | 33.3 |
| $f$ | 0 | 0 | 0 | 0 | −0.31 | −0.46 | −0.14 | −397.44 |

灵敏度分析就是将各资源限量如有机肥、化肥、投工等分别增加一定数量（如增加1%），求最优值的变化情况，方法同上。

**三、作物布局线性规划设计的一般步骤**

1. 搜集资料

可参阅当地农业区划的材料等，关键是对一些变量参数的确定。

2. 目标函数的确定

合理作物布局的目的是实现种植业生产的高产、稳产、高收益。因此对于不同地区、不同性质的生产单位可作如下选择：

（1）作物总产量最高。

（2）经济效益（净收效）最大。

（3）生产成本最低等作为目标。

3. 约束条件的建立

约束条件可概括为：

（1）农业自然资源与社会资源的约束，如土地、水源、肥源、经济、人畜机力等。

（2）生态平衡约束：考虑用地与养地相结合，生态环境的良性发展。

（3）农业技术：考虑农业技术的指导范围、程度及作物连作、轮作要求等。

（4）根据个人和市场需求确定的最低产量。

**四、作业**

1. 将下题建立模型，并求解

某农场，农田面积总计 5400 亩，历年种植的主要作物有谷子、玉米、大豆一年一熟。在当地自然条件及技术水平下，谷子、玉米、大豆多年平均单产分别为 170kg、350kg、90kg，总产 90 万 kg。现在要求用线性规划方法，设计新的作物比例，以使总产量最高。并要求新的设计总产量年际间变化不得超过原总产的 30%，已知谷子、玉米、大豆年际间单产变幅分别为 25kg、80kg、15kg。考虑大豆在轮作中的养地作用，要求其面积不少于 30%，试建立此作物布局问题的线性规划模型，并求解。

2. 试建立 A 县 B 村作物布局线性规划模型，以使得净总产值最高，并求解。A 县 B 村作物布局线性规划材料如下

（1）附图 1：各类土壤生产性能及所需水肥条件。

"小麦—玉米 500/650，115，100，5，120" 含义如下

小麦—玉米：一年两熟种植

500/650：小麦产量（kg）/玉米产量（kg）

115：作物共施用 N 肥（kg）

100：作物共施用 P 肥（kg）

5：作物施用粗肥（车）

120：春季需水（m³）

（2）A 县 B 村对农产品的要求量如下：

1）粮食总产量 505000kg。

2）小麦总产 200000kg。

3）谷子总产 10000kg。

4）大豆总产 15000kg。

5）苜蓿面积 170 亩。

6）玉米总产 100000kg。

7）燃料产量 250000kg。

8）粗饲产量 345000kg。

9）精饲料 99400kg。

10）饲草产量 200000kg。

A 县 B 村可提供：

1）有机肥 3386 车。

2）氮肥 65000kg。

3）磷肥 54000kg。

4）春季灌水 72000m³。

# 第四章　不同种植制度光能利用率的计算

## 一、目的意义

通过计算不同种植制度光能利用率，明确光能利用率的概念、原理，掌握其计算方法，了解种植制度中各类农田的差别，树立提高作物光能利用率的观点，培养学生的分析能力。

## 二、原理

农业生产的实质是利用绿色植物进行光合作用将太阳辐射能转化为化学潜能。作物转化光能的效率以光能利用率表示，光能利用率是在一定时期内（全年或某作物生育期），单位面积上，作物干物质积累的化学能占同时期投入该面积上太阳光能（即生理辐射）的百分率。它是光合面积、光合效率、光合时间的综合反映。光能利用与当地太阳辐射量、作物叶面积指数、土壤肥水供应情况等有关，是多因素综合作用的结果。光能利用率决定了作物产量；反之，作物产量也可以计算光能利用率。

$$光能利用率\ E = \frac{\Delta WH}{\sum S} \times 100\%$$

## 三、工具

计算器

## 四、作业

根据某村每年秋播小麦 2060 亩，品种豫麦 14 号。平均亩产 410kg，总产量为 844600kg，夏大豆（豫豆 8 号）452 亩，平均亩产 150kg，总产 67800kg；麦垄套玉米 1608 亩，平均亩产 350kg。计算该村的：

表 4-1　　　　　　　　　太 阳 总 辐 射 量　　　　　　　　单位：kcal/cm²

| 月　份 | 1 | 2 | 3 | 4 | 5 | 6 |
|---|---|---|---|---|---|---|
| 太阳辐射量 | 5.38 | 7.33 | 11.13 | 13.24 | 15.55 | 14.41 |
| 月　份 | 7 | 8 | 9 | 10 | 11 | 12 |
| 太阳辐射量 | 12.78 | 12.01 | 11.17 | 8.67 | 5.71 | 4.75 |

1. 小麦光能利用率。

2. 玉米光能利用率。

3. 大豆光能利用率。

4. 棉花光能利用率。

5. 全村 3020 亩耕地上全年的光能利用率。

6. 小麦/玉米二熟的年光能利用率。

7. 试分析为什么不同作物光能利用率不同？

# 第五章　不同复种方式效益评价

## 一、目的

通过对一个地区不同种植模式的综合效益分析，可以了解该地区的优势条件和劣势条件，了解资源利用情况、生产潜力等；为进一步发挥当地的有利因素，挖掘潜在资源，提高转化效率，进而为达到高产、稳产、优质、低成本的目的提供依据。

本实验要求学习不同复种方式资源利用效率及经济效益评价的基本方法，寻找适合当地的最佳种植方式；培养与提高学生分析问题和解决生产实际问题的能力。

## 二、评价指标及计算方法

### (一) 资源利用率

1. 产量效益

产量效益是指一种耕作制度或种植方式所生产的目标产品的数量与质量。通常用经济产量、生物产量、蛋白质产量、能量产量等指标表示。计算公式如下：

$$经济产量 = \frac{目标产品总量（kg）}{总耕地面积（亩）}$$

$$生物产量 = \frac{干物质总量（kg）}{总耕地面积（亩）}$$

2. 光能利用率

光能利用率表示单位时间单位面积上植物通过有机干物质所积累的能量与同期投入该面积上的太阳辐射能之比。它是光合面积、光合时间、关合速率的综合反映。

$$E = \frac{\Delta W \cdot H}{\sum Q} \times 100\%$$

3. 叶日积

叶日积是指面积与其持续时间的乘积。

4. 热量利用率

$$T = \frac{\sum t_s \geq 0℃}{\sum t \geq 0℃} \times 100\%$$

5. 水分利用率

$$水分利用率 = \frac{亩产量（kg）}{亩供水量（降水量 + 灌溉量）（mm）}$$

6. 生长期利用率

生长期利用率（$D$）是指作物实际利用的生长期（$U_n$）占作物可能生长期（$D_n$）的百分数。即：

$$D = \frac{U_n}{D_n} \times 100\%$$

（二）经济效益分析

1. 成本与收益分析

包括亩成本、亩总产值、亩净产值、亩纯收入

2. 劳动生产率

是指单位时间所生产的农产品的数量或单位农产品所消耗的劳动时间。反映农产品数量与劳动消耗的数量关系。

$$劳动生产率 = \frac{农产品总产值}{活劳动消耗量}$$

$$劳动产值率 = \frac{农产品总产值（元）}{活劳动力（个）}$$

3. 资金生产率

$$每元生产费用的产值 = \frac{农产品总产值（元）}{生产费用投资总额（元）}$$

$$每百元资金产品率 = 总产品量（斤）/生产费用投资总额（百元）$$

（三）评价方法

利用决策指数法进行综合评价。

三、作业

某生产单位，气候干旱，属于绿洲农业区，年平均降水量为260mm，降雨集中在7月、8月，蒸发量2220mm；年太阳辐射量为 $6.44 \times 105J/cm^2$，生理辐射率为50%，全年日照时数3222h；年不小于10℃积温在3020℃，不小于0℃积温在3583℃；初霜期为9月26日左右，终霜日为4月22日左右；水利条件较好，用黄河水灌溉；该单位土壤肥力中等，有机质含量为1.85%。有关种植模式及产投资料以及其他有关资料见附表。

试根据表5-1～表5-5所给资料，对该单位的种植模式进行综合分析，完成表5-6，并简要进行评价。

表 5-1　　　　　　　　　　　　　　种植模式产投情况表

| 种植模式 | 生 育 期 | | | 肥料（kg/亩） | | | 机械（Hp） |
|---|---|---|---|---|---|---|---|
| | 出苗(月-日) | 成熟(月-日) | 天数 | 农肥 | 尿素 | 磷二铵 | |
| 小麦/玉米 | 04-05 | 07-10 | | 2000 | 30 | 20 | 0.53 |
| | 05-10 | 09-25 | | 2000 | 40 | 20 | 0.27 |
| 小麦/油葵 | 04-05 | 07-10 | | 2000 | 30 | 20 | 0.53 |
| | 05-20 | 09-25 | | 2000 | 20 | 20 | 0.27 |

| 种植模式 | 燃油（kg/亩） | 电力（kW·h） | 农药（kg） | 人工（工日/亩） | 畜工（工日/亩） | 种子（kg/亩） | 单产（kg/亩） |
|---|---|---|---|---|---|---|---|
| 小麦/玉米 | 3.27 | — | 0.71 | 14 | 2 | 25 | 300 |
| | 1.63 | — | 0.45 | 12 | 2 | 4 | 650 |
| 小麦/油葵 | 3.27 | — | 0.71 | 14 | 2 | 25 | 350 |
| | 1.63 | — | 0.30 | 8 | 1.5 | 1 | 150 |

注　1马力=735.499W。

表 5 - 2                 种植模式各项投资情况表                 单元：元/亩

| 种植模式 | 机械作业费<br>（燃油、折旧） | 排灌费 | 固定资产<br>折旧费 | 小农具购<br>置费 | 电费 | 肥料费 |
|---|---|---|---|---|---|---|
| 小麦/玉米 | 9 | 10 | 5 | 9 | — | 55 |
| | 5 | 10 | 5 | 7 | — | 60 |
| 小麦/油葵 | 9 | 10 | 5 | 9 | — | 55 |
| | 5 | 10 | 5 | 6 | — | 50 |
| 种植模式 | 农药费 | 人工费 | 畜力费 | 种子费 | 农田基本<br>建设费 | 其他费用 |
| 小麦/玉米 | 5 | 140 | 20 | 50 | 4 | 30 |
| | 3 | 120 | 20 | 12 | 3 | 30 |
| 小麦/油葵 | 5 | 140 | 20 | 50 | 4 | 30 |
| | 2 | 80 | 15 | 60 | 2 | 30 |

表 5 - 3                 各种农副产品价格表                 单位：元

| 产品 | 小麦 | 玉米 | 油葵 | 备注 |
|---|---|---|---|---|
| 主产品 | 1.2 | 0.72 | 2.2 | 籽粒 |
| 副产品 | 0.02 | 0.04 | 0.03 | 秸秆 |

表 5 - 4                 各种作物经济系数及主产品蛋白质含量

| 产品 | 小麦 | 玉米 | 油葵 | 备注 |
|---|---|---|---|---|
| 主产品 | 0.38 | 0.45 | 0.25 | |
| 副产品 | 1.7 | 0.04 | 0.03 | |

表 5 - 5                 投 入 能 量 折 算 标 准

| 项目 | 1000kcarl/kg | 来源 | 备注 |
|---|---|---|---|
| 无机能投入 | | | |
| 1.农业机具 | 50.0 | 吴湘淦 | 将田间动力机械、排灌机械及水泵、机引农具等马力数或台数折成重量分别为77kg、11kg、289kg，在乘以0.1（折旧系数） |
| 2.燃油 | 11.0 | 国家标准局 | 在农田系统中主要是动力机械和排灌机械耗水，加工、副业等不计 |
| 3.电力 | 3.0/度 | 国家标准局 | 主要包括排灌用电，不计照明、加工与副业用电，以度计 |
| 4.农药（纯成分） | 24.4 | 综合 | |
| 5.化肥（按有效成分计） | | | |
| N | 22.0 | 综合 | |
| $P_2O_5$ | 3.2 | 综合 | |
| $K_2O$ | 2.2 | 综合 | |

| 项　　目 | 1000kcarl/kg | 来源 | 备　　注 |
|---|---|---|---|
| 有机能投入 | | | |
| 1. 劳动力 | 836/人 | 综合 | 按每劳动力一年工作300d计，每天需要食物能 |
| 2. 畜力 | 5000/畜 | 综合 | 疫畜一年工作250d，每天需食物能30000kcal，扣除粪便部分的能量 |
| 3. 种子 | 3.8 | 综合 | 可按作物种子折能系数分别计算 |
| 4. 有机肥 | 3.2 | 综合 | 每畜或人一年粪便中有机质公斤数，马骡764，牛800，羊82，猪150，鸡鸭2.5，成人18 |

**表 5-6　　　　生产单位种植模式综合效益分析表**

| 指　　标 | 小麦/玉米 | | 小麦/葵花 | | 小麦单作 | 玉米单作 | 葵花单作 |
|---|---|---|---|---|---|---|---|
| | 小麦 | 玉米 | 小麦 | 葵花 | | | |
| 亩经济产量（kg） | | | | | | | |
| 亩生物产量（kg） | | | | | | | |
| 亩热能产量（×10⁴kcal） | | | | | | | |
| 亩蛋白产量（kg） | | | | | | | |
| 亩产值（元） | | | | | | | |
| 亩成本（元） | | | | | | | |
| 亩净产值（元） | | | | | | | |
| 亩纯收入（元） | | | | | | | |
| 劳动产值率（元/工） | | | | | | | |
| 劳动盈利率（元/工） | | | | | | | |
| 每工日产粮（kg） | | | | | | | |
| 每元生产费用产值（元） | | | | | | | |
| 成本盈利率（元） | | | | | | | |
| 能量产投比 | | | | | | | |
| 光能利用率（%） | | | | | | | |
| 热量利用率（%） | | | | | | | |
| 土地当量值 | | | | | | | |

# 第六章　间套作复合群体及农田小环境观测

## 一、目的

1. 通过对复合群体及农田小环境的测定，进一步了解间套作增产的机理。

2. 学习测定复合群体农田小气候的方法。

## 二、内容说明

### （一）间套作复合群体的测定

选择群体生长高产期或近收获期，在田间测定间套作与单作的生长发育与作物间的相互关系。测定项目包括：群体密度、带距、株行距、间距、植株高度差、宽度、叶片与根系交叉状况、发育进程、LAL、地上部分生物量等。

### （二）复合群体内光照、温度、水分、风速的测定

### （三）分析单作与间套作的群体效益

## 三、农田小环境观测方法

### （一）材料与用量

照度计、热球式电风速计、遥测通风干湿表、半导体温度计、地温表、烘箱、取土钻、天平、铝盒、钢卷尺、皮卷尺、测杆、支架、木箱、细绳、记录纸等，并事先选定被测的田块。

### （二）观测地段的选择和测点设置

1. 观测地段的选择

要注意两点，首先必须是典型而有代表意义的。其次，为了便于比较，必须在相同条件下研究某一问题的独特性。

2. 测点设置

无论是间作或套作与单作进行比较，还是间作或套作不同作物间比较，以及带状间套作中同一作物不同行间（或株间）对比，都要按科学的要求选择观测点，测点要力求有代表性，各测点的距离不宜太大，既能客观反映所测农田小气候特点，又不受周围环境所影响，特别要防止人为因素的干扰，测点的数目要根据观测的要求、人力和仪器设备等情况来确定。

测点高度要根据作物生长情况、待测气候要素特点和研究目的来确定。通常农田温度和湿度观测取 20cm、2/3 株高和 150cm 三个高度。20cm 处代表贴地层情况，2/3 株高处作为作物主要器官所在部位，也是叶面积指数最大的部位，150cm 处目的是便于与大气候观测资料比较。高秆作物观测高度和层次应适当增加。

光照强度观测层次要密些，可等距离分若干层次，自上向下，再自下而上往返测一次。但无论分几层测定，株顶高度一定要测定，以便取得自然光照，计算透光率。

风速测定可每隔一定距离均匀设点，在农田中一般测定 20cm、150cm 或 200cm。但应着重观测 2/3 株高处的风速，因为此处风速与叶面积蒸腾关系密切。

土壤温度观测一般取 0cm、5cm、10cm、15cm、20cm 五个深度，农田水温可取水面和水泥交界面两个部位观测。

一般依观测目的和作物生长阶段而定。为观测间套作复合群体间的小气候变化，必须在不同作物的共存期进行观测。具体观测的时期可结合作物生育期选择典型大气候（如晴天、阴天等）来确定。

如要了解间套作条件下小气候的日变化或某要素的变化特征，可在作物生育的关键时期，选择典型天气，每间隔 1h 或 2h 进行全日的连续观测，但为了能在短暂的观测时间内得出小气候的特征，也可采用定时观测（2h、8h、14ラ、20h 四次观测值平均作为日平均值），以便于和气象台站观测进行比较。

在观测进程中，各处理、各项目、各高度的观测时间都要统一到一个平均时间上。

3. 测定仪器安置

各测点的仪器安置，应根据仪器特点，参照气象仪器安置的一般要求，高的仪器放在低的仪器北面，并按观测程序安排，仪器间应相互不影响通风和受光。由于间套作条件下，不同行间的小气候也有较大的差异，因而仪器宜排测在同一行间。安置仪器及观测过程中尽可能保持行间原来自然状态。

（三）观测方法与步骤

1. 光照强度的测定

光照强度的测定所用仪器是各种类型的照度计。

原理：照度计通常是用光敏半导体元件的物理光电现象制成的测量仪器，用于测定单位面积上物体所截取的光通量——光照强度，又称照度，其单位是 lX。仪器由受光元件和电流表组成。当受光元件硒光电池受光后，产生一定电流，并通过电流表，直接反映出照度值。

方法：观测使用前调整电流表指针正确指在零位上，然后将罩上减光罩的减光探头接线插入电表插入孔内，把减光头水平放在测定部位，打开减光罩，即可从电流表上读出指示值。

由于田间透光率不匀，在每个观测部位上均应水平随机移动测量数次，以其平均值代表该部位的光照强度，测定时可用数台仪器，在各测点同一部位同时进行，可用其中一台测定自然光照，以便计算主观部位的透光率。

$$透光率 = \frac{某一部位光照强度（lx）}{自然光照强度（lx）} \times 100\%$$

注意事项：

（1）在任何情况下不得将感光探头直接暴露于强光下，以保持其灵敏度。

（2）光探头要准确水平地放置在测定位置，使光电池与入射光垂直，并将电流表放平，保证读数可靠。

（3）每一次测定遵循从高档（×100）到低档（×10，×1）的顺序。

（4）每次测定完毕应即将量程开关拨在"关"的位置，将光电池盖上。

2. 温度、湿度测定

湿度、温度观测常用的仪器有观测空气温度、湿度的玻璃液体温度计、机动通风干湿表、遥测通风干湿表测定空气温度、湿度的方法,其他参考农业气象学和土壤学实习指导。

原理:遥测通风干湿表由三部分组成。感应部分是二支铜电阻温度表,分别作为干球和湿球。直流电动机带动通风器以进行通风,此外还附有水盒插座,指示箱上有湿度开关和通风开关。测湿度的原理同干湿球温度表原理一样,观测时,首先测出干、湿球温度值,然后查表求得湿度,如调节测湿旋钮后,也可以测定相对湿度,其湿度比查表法偏低。

方法:先把感应部分的保护盒取下,通过其底架上的固定孔,用螺针平衡地安装在被测部位的中心位置,随后把有防护罩一端的电缆线插好,引出与指示箱连接。感应器的水盒中注入蒸馏水(若在负温时,测量湿度可在储水箱中用 33%酒精和蒸馏水来保证)。

打开指示器盖,置电表锁紧器至各点位置(松开位置),再调整零点平衡,将通风开关置于"接"的位置上,通风 2~3min 后即可进行读数。

读数前先将干湿球开关置于"干球"位置上,再按当时气温,估计拨动零上或零下开关,之后旋开关到"初测"位置,调节×10℃、×1℃的温度读数旋钮,使电表的指针在零附近摆动,此时"湿度"开关不打开。在完成初测后,随即将"初测"开关置于"精测"位置上,再仔细调节×10℃、×0.1℃的温度读数旋钮,使电表指针完全平衡地指在零上,拨开"初测"、"精测"控制开关于中间空挡位置,记下温度旋钮读数,即×10℃＋×1℃＋×0.1℃加调整值,即为欲测的空气温度值。

湿球温度测定操作方法向上,只是把"干球"开关扳至"湿球"位置上,根据观测的干湿球温度,再查表计算核对湿度。

注意事项:

(1)仪器使用前后,指示箱上的通风开关和控制开关都应还原。

(2)在观测数较多时,指示器电桥如发现拨动×℃,偏转减少时,应立即更换电桥的电池。

(3)铜电阻温度表使用一年后或停用一阶段再使用时应重新鉴定和校正,以确保其测定精度。

3. 风速测定

风速测定使用的仪器为热球式电热风速计。

原理:热球式电热风速计由热球式测头和测量仪表两部分组成。测杆的顶部有一直径约 0.8mm 的玻璃球。球内绕有加热玻璃用的镍铬弹线圈和两个串联的热电偶。热电偶的冷端连接在支柱上,直接暴露在气流中,当一定大小的电流通过加热线圈后,玻璃球的温度升高,升高的程度和气流的速度有关,流速小时升高的程度大,反之升高和程度小。升高程度的大小通过热电偶产生的热电在电表上指示出来,再通过查校正曲线,就可读出当时被测的风速。

观测方法:

(1)使用前观察电表的指针是否指于零点,如有偏移可轻轻调整电表上的机械零螺丝，使指针回到零点。

（2）"校正开关"置于"零位"的位置，慢慢调整"粗调"及"细调"两个旋钮，使电表指在零点的位置。

（3）将测杆插在插座上，上端的螺塞压紧使探头密封"校正开关"旋至"满度"位置，慢慢调整"满度调节"旋钮，使电表针指在满刻度的位置上。

（4）然后再拨动"校正开关"置于"零位"的位置，慢慢调整"零位粗调"和"零位细调"旋钮，使电表指针回到零点位置上。

（5）经以上步骤后，轻轻拉动螺塞，测杆探头露出，即可进行观测。测定时，使测头上的红点面对风向，从电表上读出风速的大小。因风是阵性的，指针左右摆动，所以定出所需测定的时间内读数次数（一般在1～2min内读10个数），再取平均数，最后根据所得的平均数查仪器所附的校正曲线，得出被测风速。

（6）在测定若干分钟（10min）后必须重复步骤（3）、（4）一次，使仪器内的电流得到标准化。

注意事项：

（1）在风速测定中，无论测杆如何放置（垂直向上，倒置或水平位置），探头上的红点一边必须面对风向，在进行"满度"、"零位"调整时，测杆必须处于向上放置。

（2）测杆引引线不能随意加长或缩短，如导线有变动，仪器须重新校对后方可使用。

（3）如果敏感部件—热球上有粉尘，可将探头在无水乙醇中轻轻摆动，去掉粉尘，切不可用刷以及其他用具清洗，以免损坏热球及使热球位置改变，影响测量的准确性。

4．土壤湿度测定

用取土法或目测法。

**四、观测资料的整理**

在完成各个测点及各项观测内容后，首先将多项测记录进行误差订正和查算，并检查观测记录有无陡升或陡降的现象，找其原因决定取舍，然后计算读数的平均值，最后查算出各气象要素的值。

为了从测点的小气候特征中寻找它们的差异必须根据实验任务进行各测点资料的比较分析。在资料统计中，对较稳定的要素（如温度或湿度）可用差值法进行统计，而对易受偶然因素影响或本身变化不稳定的要素（如光照强度和风速）宜用比值法进行统计。这样得出的数据既便于说明问题，又利于揭示气象要素本身的变化规律。此外，应根据资料情况用列表法将重点项目反映在图表上。当平行资料不多或时间又连续的时候，用列表法比较适合，但在资料长而时间的连续性又显著的情况下，应力求用图示法来反映重要的变化特征。

**五、作业**

1．取实测中的时间、测定位置（高度或深度）作出间套作模式，单作条件下一天内的光强变化曲线或模拟方程（列表亦可）空气温度、湿度、土壤湿度、风速的差异。

2．根据测定资料，对单作与间套作复合群体的植株状况与农田小气候作出综合评价。

# 第七章 轮作制度设计

## 一、目的意义

轮作是在同一块土地上，将几种不同的作物，在一定的年限内，按着一定的顺序轮流种植的形式。一个生产单位的轮作制度是由若干轮作方式组成的。轮作制度是作物布局和熟制类型在时间与空间上的具体体现，是种植制度的重要组成部分。建立合理的轮作制度是合理、充分利用和保护农业资源，实现农业连续增产、稳产的保证。也是建立结构稳定的农业生态系统的需要。

本实验通过对一个生产单位轮作制度的设计，使学生运用已学的理论知识。掌握与制定轮作制的原理和方法。

## 二、方法步骤

### （一）收集资料

在拟定轮作制度时，应对当地的自然条件、生产经济条件及作物栽培等进行详细的调查了解，作为拟定的依据。

1. 作物种植制度和轮作倒茬方式

它是拟定土壤耕作制的主要依据，并了解轮作中各种作物的播种期和收获期，作物品种搭配以及作物栽培技术等。

2. 土壤条件及土壤灌水施肥制度

了解地形地势，土壤类型及土壤质地分布，土壤盐渍化程度，土壤生产性能、宜耕期长短，水利设施及灌溉制度，施肥种类、施用方法和时间，绿肥作物的栽培及翻压时间、方法。

3. 气候条件

特别是气温，降水蒸发量、土壤封冻及解冻期，干旱风及霜冻等自然灾害的发生规律。

4. 当地土壤耕作的主要经验

秋播、春播及填闲作物以及休闲期的土壤耕作措施与方法，深耕、浅耕及免耕的运用及其效果。基本耕作与播前耕作措施的配合，耙耱保墒及防止水土流失的经验等。

5. 农机具及劳畜力条件

拖拉机及农具种类、数量，农田作业的机械化程度，耕畜和劳力状况等。

6. 田间杂草的种类、数量及危害程度。

### （二）划分轮作类型区，确定各区的作物组成和比例

根据本单位的土壤状况和各地块作物生产性能，确定各地块所应采取的轮作类型。然后根据本单位的生产要求——市场和个人对农、副产品的要求，并考虑既能充分利用又能

积极地保护土地资源，确定各轮作区的作物类型和比例，这实际是作物布局的具体实施。

（三）确定轮作田区面积、数目和轮作年限

在每个轮作区内划分出若干个轮作田区，每个轮作田区内的作物较单纯，一般一种或两种。轮作田区是田间农事活动的基本单位。

轮作田区的面积应根据地形、地势及灌水、机械作业等条件确定。一般讲，每田区面积可取轮作区内各作物种植面积的最大公约数。若某些作物种植过少而特性又相似的可以与其他作物组成复区或间混种植。在生产上，田区面积一般小的不小于 30 亩，大的可达80～100 亩。田区面积确定后，轮作区面积除以田区面积即为轮作田区数，轮作年限一般与轮作田区数相等。

轮作田区方向一般平地可按原方向，考虑运输、耕作的方便，坡地应等高设置，风沙地带应与主风向垂直。

（四）制定各轮作区内作物轮换顺序，列出轮作周期表

确定轮作中的作物轮作顺序，首先要了解各种作物对土壤肥力的要求以及对土壤的影响。作物对土壤的影响一方面取决于作物本身的生物学特性，另一方面取决于其生育期间所进行的农业技术措施，其中主要是土壤耕作、施肥和灌水。安排作物的轮作顺序时应尽量把施肥多的作物与施肥少的作物，直根系作物与须根系作物、豆科作物与禾本科作物轮换种植。将感染杂草作物与抑制杂草作物、感病作物（及品种）与抗病作物（及品种）间隔种植。

在安排轮作顺序时，也需考虑前后作物的生育期衔接，如果间隔太长会造成土地浪费。但短期休闲也有一定意义，要据地力状况而定。对前后衔接过紧的作物，可采用套种或育苗移栽等。

作物轮作顺序确定后列出轮作周期表。所谓轮作周期表就是一个轮作中各轮作田区每年的作物分布表。同一轮作区的各个田区，虽然以同样顺序来轮换，但是它们是以不同的作物作为循环的开始。在每一年中，各个田区所种植的作物包括该单位在一年中所要播种的全部作物，这样就保证稳定了作物布局，使各作物每年收量平衡。

（五）编写轮作计划书，绘制轮作田区规划图

将初步拟定的轮作制，经广泛吸收、征求群众意见后，经过再次修改审核，使之达到各项生产指标。并有较好的经济效益与生态效益，然后编写出轮作计划书。

为了保证轮作计划的实施，计划书还应包括相应的土壤耕作制，施肥与灌水制等其他与之配套的管理措施。

此外，还应制定轮作过渡计划，由于前作物的不同和地力的差异，各个轮作区内种植的作物往往不能立刻符合所设计轮作方案中规定种植的作物，因此需要按轮作区制定过渡轮作计划，通过适当地安排，使其有计划地、逐步地转变为新轮作所规定的各种作物，此后按计划顺序轮作。对一些特殊类型土壤及不能纳入轮作的非轮作地块，也需制定种植计划。

最后绘制轮作田区规划图。规划图的比例尺采用 1：2000～1：4000，绘制时要求准确无误。规划图的地块上应标明所属的轮作区，轮作田区及地块面积。要用符号标记清楚，如 50/3－Ⅱ代表此地为第三轮作区的第二轮作田区，面积为 50 亩。

**三、设计资料**

（1）在确定了 A 县 B 村所种植的作物种类及各类作物种植的面积之后，进而拟定其轮作制。

（2）A 县 B 村土地利用现状见附图 2。

**四、作业**

1. 设计 B 村的作物轮作制，并编写轮作计划书。

2. 计算该村作物的复种指数。

# 第八章　农牧结合种植制度的调查分析

## 一、目的意义

学习调查并评价一个地区或生产单位农牧结合的现状与问题，为设农牧结合种植制度提供参考。

## 二、内容说明

农牧结合种植制度的调查与评价，首先要确定所调查地区或生产单位的边界。调查与评价对象可以是小到一个农户，大到一个县、地区乃至全国范围。但调查单位的边界必须明确，饲料、畜禽的生产、输入与输出必须界限明确。

农牧结合耕作制度的调查与评价一般包括以下几个方面。

（一）饲料资源供给强度及时间的调查与评价

（1）对所调查单位的所有可用作饲料的农产品进行逐一的调查与登记，记载其数量、质量、生长季节及保存期等。并查阅有关各种饲料营养物质的含量，计算出营养价值（表 8-1）。

表 8-1　　　　　　　　　　　　饲料饲草生产调查表

| 饲草料种类 | 数量 | 供应季节 | 蛋白价 | 脂肪价 | 营养价 |
|---|---|---|---|---|---|
|  |  |  |  |  |  |
| 总计 |  |  |  |  |  |

注　各饲料、饲草的蛋白价、脂肪价、营养价，查《饲料手册》。

（2）调查调出和调入本单位的饲料饲草的数量及饲料价（表 8-2）。

表 8-2　　　　　　　　　　　　饲料饲草资源调入调出表

| 饲草料种类 | 调入量 | 调出量 | 蛋白价 | 脂肪价 | 营养价 |
|---|---|---|---|---|---|
|  |  |  |  |  |  |
| 总计 |  |  |  |  |  |

（3）根据本单位生产的饲料量及调入调出的饲料量，计算出饲料资源的总量、饲养价及季节分配量（表 8-3）。

表 8-3　　　　　　　　　　　　饲料资源总量汇总表

| 饲草料种类 | 数量 | 蛋白价 | 脂肪价 | 营养价 | 季节分配 |
|---|---|---|---|---|---|
| 生产量 |  |  |  |  |  |
| 净调入量 |  |  |  |  |  |
| 总计 |  |  |  |  |  |

（二）家畜家禽数量结构、饲料需求强度与时间的调查（表8-4、表8-5）

表8-4　　　　　　　　　　　家 畜 家 禽 存 栏 调 查

| 畜禽种类 | 存栏数 | 出栏数 | 饲料日 | 年 龄 结 构 | | |
|---|---|---|---|---|---|---|
| | | | | 幼育 | 肥育 | 繁殖 |
| 牛 | | | | | | |
| 马 | | | | | | |
| 驴 | | | | | | |
| 骡 | | | | | | |
| 猪 | | | | | | |
| 羊 | | | | | | |
| 兔 | | | | | | |
| 禽 | | | | | | |
| 折合猪单位 | | | | | | |

表8-5　　　　　　　　　　饲料需求强度与时间调查表

| 畜禽种类 | 总饲养日 | 蛋白饲料 | | 脂 肪 | | 能 量 | | 饲 草 | | 备注 |
|---|---|---|---|---|---|---|---|---|---|---|
| | | 数量 | 时间 | 数量 | 时间 | 数量 | 时间 | 数量 | 时间 | |
| 牛 | | | | | | | | | | |
| 马 | | | | | | | | | | |
| 驴 | | | | | | | | | | |
| 骡 | | | | | | | | | | |
| 猪 | | | | | | | | | | |
| 羊 | | | | | | | | | | |
| 兔 | | | | | | | | | | |
| 禽 | | | | | | | | | | |
| 折合猪单位 | | | | | | | | | | |
| 总计 | | | | | | | | | | |

（三）农业结合耦合度（AC）的计算与评价

农牧结合的耦合度是指一个生产单位或地区农牧的匹配程度。可用饲料供给强度（FO）与需求强度（FN）之比来表示。

$$AC=FO/FN$$

当 $AC>1$ 时，表示饲料饲草资源有剩余，未能被充分利用；反之，$AC<1$ 时，饲料饲草资源不足；$AC=1$ 时，农牧结合耦合系数（Collpling coefficient）最高，表明农牧匹配最合理。

根据生产及科研工作的需要，还可以计算不同营养物质（蛋白质、脂肪、能量及矿物质）及不同时期农牧结合的耦合度。

（四）饲料转化效率

饲料转化率的调查，相对比较困难。要取得准确而详细的资料，必须选择不同畜禽品种，对其日食量、日增重进行逐日的测定与记载。本实习则选择较粗的调查法，用每公斤肉、蛋、奶等畜产品所消耗的饲料、饲草量来反映饲料转化率（表8-6）。

表8-6　　　　　　　　　　　　饲料转化效率调查表

| 畜禽种类 | 总饲养日<br>（d） | 总增重<br>（kg） | 总耗精料<br>（kg） | 总耗饲草<br>（kg） | 饲料转化率<br>（耗精饲料/kg 产品） |
|---|---|---|---|---|---|
| 牛 | | | | | |
| 马 | | | | | |
| 驴 | | | | | |
| 骡 | | | | | |
| 猪 | | | | | |
| 羊 | | | | | |
| 兔 | | | | | |
| 禽 | | | | | |
| 折合猪单位 | | | | | |

（五）畜牧业为农业提供有机肥料量的估算

根据畜群的数量与结构，可以推算出畜牧业对种植业提供的有机肥料的数量与质量，并可根据纯养分量折算为化肥当量，折算标准可参用表8-7。不同地区不同畜种有差异者可经过实测对表中参数进行修正。

表8-7　　　　　　　　　　各种有机肥料有机质与养分含量及来源

| 类别 | 年产量 | | 有 机 质 | | | N<br>[kg/（头·年）] | P₂O₅<br>[kg/（头·年）] | K₂O<br>[kg/（头·年）] |
|---|---|---|---|---|---|---|---|---|
| | 粪 | 尿 | 含量<br>（%） | 年量<br>（kg） | 折能<br>（10⁶cal/·年） | | | |
| 马骡 | | | | | | | | |
| 牛 | | | | | | | | |
| 猪 | | | | | | | | |
| 羊 | | | | | | | | |
| 家禽 | | | | | | | | |
| 成人 | | | | | | | | |
| 绿肥（鲜） | | | | | | | | |
| 残茬秸秆（干） | | | | | | | | |

注　有机肥中粪损失氮以50%、磷25%、尿损失氮75%、磷损失62.5计。

### 三、材料及用具

（一）基础资料

一个生产单位或地区的种植业和畜牧业的生产统计资料，包括各作物的面积、单产、总产、经济系数、农副产品剩余量等，以及各种畜禽的存栏、出栏状况、畜群结构及年龄结构；饲料饲草生产及调入、调出资料；各种畜禽品种饲养日及饲料消耗量。

（二）用具

计算机、计算器、台秤、天平等。

**四、方法步骤**

1. 确定饲料供应强度及时间分布

根据已给资料及学过的知识，整理、计算出所设计的生产单位或地区的饲料饲草供应强度及时间分布，并绘出饲料供给图。

2. 计算饲料需求强度及时间分布

根据各种畜禽品种的数量、结构出栏率、存栏数、总饲养日，计算出饲料总需求量及时间分布情况，并绘出饲料需求强度及时间分布图。

3. 计算农牧结合的耦合度

根据饲料供给强度及时间分布，饲料需求强度及时间分布，计算农牧结合的耦合度（AC），并绘出饲料饲草短缺或剩余及时间分布图。

4. 计算有机肥数量及化肥当量

根据畜群的结构与数量计算有机肥的数量，并根据纯养分（含纯 N 及 $P_2O_5$）量换算成标准肥当量。

5. 农牧结合耕作制度优化设计

指出可行的优化方案，并在小调整、大稳定的优化基础上，进行大调整、小稳定的资源匹配利用优化设计，为今后农牧结合提供方向性规划。

6. 对设计、优化方案进行可行性分析与效益预测及评价

**五、作业**

某县地处我国华北地区，属大陆性气候。年不小于 10℃积温 4500℃，年降水量 700mm，年日照时数 1350h，辐射量为 120cal/（$cm^2 \cdot a$），交通便利，市场稳定。适种各种喜温及喜凉作物和饲草。其他条件详见表 8-8。试分析该县农牧结合的现状与问题，并提出进一步发展农牧耕作制度的优化方案。

表 8-8　　　　　　　　　　某县农牧业生产基本情况

| | | | |
|---|---|---|---|
| 总人口（万人） | 30.244 | 纤维秸秆（万 kg） | 5225 |
| 总耕地（万亩） | 74.02 | 油料秸秆（万 kg） | 241 |
| 农业人口（万人） | 30.01 | 大中拖拉机（W） | $1.33 \times 10^9$ |
| 总劳力（万人） | 12.03 | 小拖机（W） | $1.55 \times 10^9$ |
| 大牲畜（万头） | 2.3 | 排灌机（W） | $1.42 \times 10^9$ |
| 役畜（万头） | 1.8 | 机引农具（马车/人力车） | 28969/479 |
| 猪存栏（万头） | 3.72 | 农机总动力（W） | $1.43 \times 10^9$ |
| 羊存栏（万只） | 5.14 | 农用电力（万 kW·h） | 2344 |
| 家禽（万只） | 42.0 | 农用石油（万 t） | 25 |
| 鲜饲草（万 kg） | 400 | 农药用量（万 kg） | 28.0 |
| 购入干饲草（万 kg） | 136.74 | 氮（纯）（万 kg） | 1290.9 |

| | | | |
|---|---|---|---|
| 总人口（万人） | 30.244 | 纤维秸秆（万 kg） | 5225 |
| 购入饲料（万 kg） | 136.74 | 磷（纯）（万 kg） | 1839.5 |
| 种子（万 kg） | 1074.8 | 钾（纯）（万 kg） | 70 |
| 豆科面积（万亩） | 1.57 | 有机质（%） | 1.1 |
| 谷物面积（万亩） | 13674 | 农作播面（万亩） | 107.48 |
| 纤维产量（万 kg） | 1045 | 有效灌溉面积（万亩） | 48.0 |
| 化肥用量（万 kg） | 4281.3 | 猪肉（万 kg） | 150 |
| 机耕面积（万亩） | 56.0 | 羊肉（万 kg） | 125 |
| 油料产量（t） | 241 | 鸡蛋（万 kg） | 105 |
| 谷物秸秆（万 kg） | 13674 | 鸡肉（万 kg） | 4.0 |

# 第九章　种植制度中养分平衡方案的拟定

## 一、目的意义

合理施肥，供给土壤足够的养分，满足作物的需要，实现土壤中养分平衡，保证作物的高产、稳产。通过此次实验方案的拟订，使学生明白各种植制度的特点，熟练掌握养分平衡方案拟订的方法步骤，应用所学理论，以产定肥科学施肥，合理分配生产单位的有机肥和无机肥，要求农田养分达到基本平衡有余。

## 二、原理

根据农田养分输入和输出的循环规律，贯彻用养结合，建立农田养分平衡，达到土壤中的有机质平衡和养分平衡，保证种植制度中各作物产量增加和地力的相应提高。

综合上述原理可计算出应施肥的数量，其公式为

$$应施肥数量＝\frac{作物计划经济产量所需养分量（kg）－土壤供肥量（kg）}{肥料中养分含量（\%）×当年肥料利用率（\%）}$$

注意：

（1）计划产量所需养分量以形成 100kg 经济产量所需养分量（kg）来计算。

（2）土壤供肥量（无肥区产量）可根据某种土壤不施肥的产量而定。土壤供肥量试验公式如下：

$$土壤供肥量＝\frac{无肥区产量}{100}×形成 100kg 经济产量所需养分数量$$

（3）在算出应施数量时，要求多出 10% 作为机动。

## 三、方法步骤

（1）研究熟悉本单位的种植制度中，各田块土壤肥力和肥源、劳力、水利等情况。

（2）计算实现计划产量指标所需的养分，（根据每形成 100kg 经济产量所需养分多少计算，见表 9 - 1）。

表 9 - 1　　　　　农作物每形成 100kg 经济产量所需养分数量

| 作　物 | 产　品 | N | P | K |
|---|---|---|---|---|
| 冬小麦 | 籽粒 | 3.00 | 1.25 | 2.5 |
| 玉米 | 籽粒 | 2.57 | 0.86 | 2.14 |
| 大豆 | 籽粒 | 7.20 | 1.80 | 4.00 |
| 冬油菜 | 籽粒 | 5.80 | 2.50 | 4.30 |
| 青贮玉米 | 1000kg 鲜草 | 2.30 | 0.40 | 1.50 |

（3）在给定不同作物的地力产量水平的基础上，依每形成100kg经济产量所需养分折算出土壤养分供应量。

（4）通过养分平衡，即：（2）－（3）得出计划产量所应补充的供应量（kg/亩），进而求得轮作周期中要补给的养分总量（kg/亩）。

（5）根据供肥计划，折算出所含养分总量（kg/亩），和4中的结果进行比较，从而得知养分平衡盈亏情况，根据"肥料中养分供应量比平均需要量多10%"和"肥料中养分供应量（表9-2）和肥料利用率（表9-3）"计算出应增施的肥料种类和数量或者调整种植方案。

表9-2　　　　　　　　　　　　主 要 农 肥 养 分 含 量

| 种　　类 | N | | P | | K | |
|---|---|---|---|---|---|---|
| 人粪尿 790kg/（人·a） | 4.65kg/（人·a） | 0.59% | 1.45kg/（人·a） | 0.184% | 1.15kg/（人·a） | 0.146% |
| 畜粪尿 5300kg/（头·a） | 35.0kg/（头·a） | 0.66% | 14.0kg/（头·a） | 0.264% | 30.0kg/（头·a） | 0.566% |
| 猪粪尿 1150kg/（头·a） | 4.60kg/（头·a） | 0.40% | 2.45kg/（头·a） | 0.213% | 9.35kg/（头·a） | 0.810% |
| 菜籽饼 | 5.80% | | 2.80% | | 1.30% | |
| 玉米秸秆 | 0.50% | | 0.40% | | 1.80% | |
| 麦草 | 0.50% | | 0.20% | | 1.40% | |
| 垃圾 | 0.51% | | 0.12% | | 0.40% | |

表9-3　　　　　　　　　　主要化肥养分含量及利用率

| 肥料种类 | 养分含量（%） | 利用率（%） |
|---|---|---|
| 尿素 | 46 | 65 |
| 过磷酸钙 | 15 | 40 |
| 硫酸钾 | 50 | 60 |

（6）制定养分平衡方案和肥料分配方案表。

**四、作业与要求**

（一）作业

某生产单位采用小麦—青贮玉米→油菜—玉米→小麦—大豆→小麦—玉米的四区轮作方式，每区面积6hm²，各种作物计划单产和总产见下表，主要农肥种类与数量为：玉米秸秆还田75000kg，麦草还田72900kg，菜籽饼还田13500kg，饲养猪45头，大家畜12头，垃圾20000kg，该单位职工及家属47人生产的人粪尿可作肥料使用。在农肥中，人粪尿、猪粪、饼渣为速效肥料，养分当季利用率为N35%、P30%、K60%，厩肥、秸秆、堆肥及垃圾为迟效肥，养分的当季利用率为N20%、P20%、K50%。试为该单位拟订农田施肥方案。

（二）要求

1. 该生产单位农作物单产、总产与养分需求（表9-4）

表9-4　　　　　　　　　　　　农作物单产、总产与养分需求

| 作物 | 单产（kg/hm²） | 总产（kg） | N | P | K |
|---|---|---|---|---|---|
| 小麦 | 5400 | 97200 | | | |
| 玉米 | 7500 | 90000 | | | |
| 油菜 | 3750 | 22500 | | | |
| 大豆 | 4500 | 27000 | | | |
| 青贮玉米 | 22500 | 135000 | | | |
| 总计 | | | | | |

2. 轮作区作物所需养分估算（表9-5）

表9-5　　　　　　　　　　　　轮作区作物所需养分估算

| 区号 | 作物及面积（hm²） | 养分供需状况（kg/hm²） | 第一茬 | | | 第二茬 | | | 第三茬 | | |
|---|---|---|---|---|---|---|---|---|---|---|---|
| | | | N | P | K | N | P | K | N | P | K |
| I | | 需求量 | | | | | | | | | |
| | | 地力基础 | | | | | | | | | |
| | | 待补量 | | | | | | | | | |
| II | | 需求量 | | | | | | | | | |
| | | 地力基础 | | | | | | | | | |
| | | 待补量 | | | | | | | | | |
| III | | 需求量 | | | | | | | | | |
| | | 地力基础 | | | | | | | | | |
| | | 待补量 | | | | | | | | | |
| 总计 | | 需求量 | | | | | | | | | |
| | | 地力基础 | | | | | | | | | |
| | | 待补量 | | | | | | | | | |

3. 农肥提供量（表9-6和表9-7）

表9-6　　　　　　　　　　　　农肥提供状况及平衡途径

| 项目 | | N | P | K | 项目 | | N | P | K |
|---|---|---|---|---|---|---|---|---|---|
| 农肥提供情况 | 生产需要量 | | | | 平衡途径 | 减少生产任务 | | | |
| | 地力基础 | | | | | 扩大生物养田 | | | |
| | 农肥提供量 | | | | | 开辟其他肥源 | | | |
| | | | | | | 化肥补充 | | | |
| | 尚缺 | | | | | 总计 | | | |

**表 9 - 7** 　　　　　　　　　　　　农　肥　提　供　量

| 类　别 | N | | P | | K | |
|---|---|---|---|---|---|---|
| | 提供量 | 有效量 | 提供量 | 有效量 | 提供量 | 有效量 |
| 人粪尿 | | | | | | |
| 猪粪尿 | | | | | | |
| 畜粪尿 | | | | | | |
| 玉米秆 | | | | | | |
| 麦草 | | | | | | |
| 饼肥 | | | | | | |
| 垃圾 | | | | | | |
| 总计 | | | | | | |

4. 农肥提供状况及平衡途径

5. 肥料分配方案（表 9 - 8）

**表 9 - 8** 　　　　　　　　　　　　肥　料　分　配　方　案

| 区号 | 作物 | 养分类别 | 每公顷拟用的肥料种类与数量（kg） | | | | | | | 田区肥料使用量 | |
|---|---|---|---|---|---|---|---|---|---|---|---|
| | | | 待补量 | 农肥种类 | 数量 | 有效量 | 化肥种类 | 数量 | 有效量 | 种类 | 数量 |
| I | | N | | | | | | | | | |
| | | P | | | | | | | | | |
| | | K | | | | | | | | | |
| | | N | | | | | | | | | |
| | | P | | | | | | | | | |
| | | K | | | | | | | | | |
| ⋮ | | | | | | | | | | | |
| 合计 | | N | | | | | | | | | |
| | | P | | | | | | | | | |
| | | K | | | | | | | | | |

# 第十章　不同耕法土壤物理性状的测定与比较

## 一、目的意义

耕层构造是指耕作层土壤在毛管水饱和状态下，土壤中固相、液相和气相三者比例状况。液相指毛管孔隙。气相指非毛管孔隙即空气孔隙，在不同的耕作栽培条件下，耕层构造是不同的，在不同生育时期，对耕层构造的要求也是不同的。

通过本实验可以了解不同耕作方法、工具对耕层构造状况的影响，作物生育不同时期耕层构造的变化，熟悉测定耕层构造的原理和方法。

## 二、原理

耕层构造是在耕作土壤保持田间原状的条件下，使其达到毛管饱和状态时的土体固相、液相和气相的比例关系。首先是要求获得原状土样，其次使毛管水饱和，然后测定毛管水饱和状态下的含水量及土壤的容重和比重，计算三相各占有的体积。固相体积为土样干重除比重（或土壤容重除比重），总孔隙度为土样体积减去固相体积，毛管孔隙为毛管水饱和后的含水量（按 1g 水体积等于 $1cm^3$ 计），非毛管孔隙为总孔隙减毛管孔隙。

## 三、方法和步骤

1. 在不同农业技术措施条件下的对比地段自上而下分层取出一定深度（表层、中层、犁底层）的土壤

（1）检查环刀的容积是否是 $100cm^3$，并且编号，进行称重（环刀重）。

（2）在田间找土壤没有受到破坏的原状土样为取样点。

（3）将环刀垂直压入土壤，对于较硬的土壤可以用锤子轻轻敲入，使土样完全充满取土环刀，然后取出环刀，用刀切平两头，清除环刀外的泥土，加盖，速带回室内，切勿振动和土散落。

2. 土样室内处理

（1）除去环刀无眼盖称重，然后裹好纱布。

（2）准备吸水槽（可以用瓷盘代替），然后在瓷盘中放入培养皿，将称重的环刀土样放在培养皿上（培养皿上最好放一张滤纸，确保吸水效果好），水面不能超过环刀底部。

（3）24h 后开始称重，以后每天称一次，一直到恒重为止，称重时把纱布拿下来擦干，使土壤散失即为饱和水土重。

（4）倒出饱和土壤样品，充分混合后，取小土样 20g 左右放入预先烘干，称重和编号的铝盒内，立即加盖称重。然后放在 105℃ 的烘箱内将土样烘至恒重（大约 7~8h）。

## 四、计算方法

1. 土样体积

即环刀内缘体积 $V$，单位为 $cm^3$。

2. 毛管水含量

即小土样失去的重量与烘干土重之比，液相体积为全环刀干土重乘土壤含水量。

$$毛管水含量=\frac{（铝盒+湿小土样重）-（铝盒+干土样重）}{（铝盒+干小土样重）-铝盒重}\times100\%$$

3. 干土样重

即湿土样重除去毛管水部分后的重，再除以土样容积（V）为土壤容重，除以比重得固相体积。

$$土样干重（W）=\frac{（环刀+湿土重）-环刀重}{1+毛管水含水量}$$

$$土样容重=\frac{土样干重}{土样体积}（g/cm^3）$$

$$土样固相体积=\frac{土样干重}{土样体积}\times100\%$$

4. 气相体积

$$气相体积=（1-固相体积比-液相体积比）\times100\%$$

## 五、仪器设备

环刀、切土刀、小土铲、粗天平（0.5～500g）、天平（0.01～100g）、盘、铝盒、烘箱、米尺、滤纸、纱布、橡皮筋、培养皿、干燥玻璃铅笔。

## 六、作业

整理分析测定并评定不同技术条件下的耕层构造，记录见表 10-1。

表 10-1　　　　　　　　　　　耕层构造测定记录计算格式

| 处理<br>层深（cm） | 处 理 地 段 | | | 对 比 地 段 | | |
|---|---|---|---|---|---|---|
| | 固相 | 液相 | 气相 | 固相 | 液相 | 气相 |
| 表层 | | | | | | |
| 中层 | | | | | | |
| 犁底层 | | | | | | |

记录取土样田间状况和全部测定数据（表 10-2）。

表 10-2　　　　　　　　　　　耕层构造测定记录和计算表

| 项　　目 | | 计　　算 | 结　　果 |
|---|---|---|---|
| 土壤处理 | | | |
| 土样吸水<br>至饱和 | 环刀号 | | |
| | 环刀重（g） | (1) | |
| | 环刀体积（cm³） | (2) | |
| | 环刀+自然湿土重（g） | (3) | |
| | 环刀+吸水后湿土重（g） | (4) | |
| | 自然湿土重（g）（大样） | (5)=(3)-(2) | |
| | 吸水后湿土重（g）（大样） | (6)=(4)-(1) | |

续表

| 项　　目 | | 计　　算 | 结　　果 |
|---|---|---|---|
| 毛管饱和含水量 | 铝盒号码 | | |
| | 铝盒重 | (7) | |
| | 铝盒＋小湿土重（g） | (8) | |
| | 铝盒＋小干土重（g） | (9) | |
| | 小湿土含水量（g） | (10) ＝ (8) － (9) | |
| | 小土样干重（g） | (11) ＝ (9) － (7) | |
| | 吸水后土壤重量含水率（%） | (12) ＝ [ (10) / (11) ] ×100 | |
| | 大土样干重（g） | (13) ＝ (6) / [ (1) ＋ (12) ] | |
| | 土壤容重（g/cm³） | (14) ＝ (13) / (2) | |
| | 土壤比重（g/cm³） | (15) ＝ (2.65) | |
| | 自然土壤重量含水量（%） | (16) ＝ [ (5) － (13) ] / (13) | |
| | 固相体积（cm³） | (17) ＝ (13) / (15) | |
| | 总孔隙体积（cm³） | (18) ＝ (2) － (17) | |
| | 毛管孔隙体积（cm³） | (19) ＝ (6) － (13) | |
| | 非毛管孔隙体积（cm³） | (20) ＝ (18) － (19) | |
| | 固相：液相：气相（以实数表示） | | |
| | 固相：液相：气相分别为：<br>_____：_____：_____ | | |

测定日期：　　　　　　　　　　　　　测定者：

# 第十一章 一个地区（或农户）耕作制度的综合设计

## 一、目的

熟悉耕作制度设计的一般方法；综合应用所学的知识分析问题，增进对耕作制度总体性的认识与综合运用能力。

## 二、内容说明

进行一个地区耕作制度设计时，涉及面要更宽些，更宏观些。而进行农户耕作制度调整时，可着重从经济效益与市场进行分析。

耕作制度设计一般包括下面几个内容与资料。

（一）对资源与现有耕作制度的评价

（1）该单位农业气候、土壤条件、社会经济条件以及科学技术因素的特点是什么？与种植制度有什么关系。

（2）农林牧、粮经饲、夏秋粮的比例是否协调？

（3）复种间套轮作方式的安排是否恰当？

（4）增产潜力与障碍因素何在？

（5）用地与养地的关系、生态平衡、经济效益如何？

（二）耕作制度调整

（1）土地利用状况、耕地、林地、草地用地等（表11-1）。

（2）作物构成（表11-2）。

（3）复种指数，复种间套轮作方式（表11-3～表11-8）。

（4）提高产量、培养地力，保持生态平衡、增进经济效益的重大措施。

（三）调整方案的可行性鉴定

（1）资源利用效益。

（2）产量效益。

（3）能量效益与水分、养分平衡。

（4）经济效益与市场。

（5）社会效益。

表 11-1                                            土  地  利  用

| 类型 | 林地 | | 草地 | | 耕地 | | 粮食耕地 | | 经作耕地 | |
|------|------|------|------|------|------|------|------|------|------|------|
|      | 万亩 | % | 万亩 | % | 万亩 | % | 万亩 | % | 万亩 | % |
| 平原 | | | | | | | | | | |
| 山区 | | | | | | | | | | |

续表

| 类型 | 蔬菜用地 | | 果树用地 | | 饲草用地 | | 其他 | | 耕地粮食（kg/亩） | 人均粮食（kg/人） | 每劳力产粮食（kg/人） |
|---|---|---|---|---|---|---|---|---|---|---|---|
| | 万亩 | % | 万亩 | % | 万亩 | % | 万亩 | % | | | |
| 平原 | | | | | | | | | | | |
| 山区 | | | | | | | | | | | |

表 11 - 2 　　　　　　　　　　　　粮 食 作 物 构 成

| 项目 | | 粮食播种面积（万亩） | 小麦 | | 玉米 | | 大豆 | | 马铃薯 | | 其他 | |
|---|---|---|---|---|---|---|---|---|---|---|---|---|
| | | | 万亩 | % | 万亩 | % | 万亩 | % | 万亩 | % | 万亩 | % |
| 播种面积 | 平原 | | | | | | | | | | | |
| | 山区 | | | | | | | | | | | |
| 单产（kg/亩） | 平原 | | | | | | | | | | | |
| | 山区 | | | | | | | | | | | |
| 总产（万 kg） | 平原 | | | | | | | | | | | |
| | 山区 | | | | | | | | | | | |

表 11 - 3 　　　　　　　　　　　　经 济 作 物 构 成

| 项目 | | 经作播种面积（万亩） | 葵花 | | 油菜 | | 胡麻 | | 棉花 | | 其他 | |
|---|---|---|---|---|---|---|---|---|---|---|---|---|
| | | | 万亩 | % | 万亩 | % | 万亩 | % | 万亩 | % | 万亩 | % |
| 播种面积 | 平原 | | | | | | | | | | | |
| | 山区 | | | | | | | | | | | |
| 单产（kg/亩） | 平原 | | | | | | | | | | | |
| | 山区 | | | | | | | | | | | |
| 总产（万 kg） | 平原 | | | | | | | | | | | |
| | 山区 | | | | | | | | | | | |

表 11 - 4 　　　　　　　　　　　　饲 草 作 物 构 成

| 项目 | | 饲草播种面积（万亩） | 豆科牧草 | | 禾本科牧草 | | 青贮玉米 | | 甜高粱 | | 其他 | |
|---|---|---|---|---|---|---|---|---|---|---|---|---|
| | | | 万亩 | % | 万亩 | % | 万亩 | % | 万亩 | % | 万亩 | % |
| 播种面积 | 平原 | | | | | | | | | | | |
| | 山区 | | | | | | | | | | | |
| 单产（kg/亩） | 平原 | | | | | | | | | | | |
| | 山区 | | | | | | | | | | | |
| 总产（万 kg） | 平原 | | | | | | | | | | | |
| | 山区 | | | | | | | | | | | |

表 11 - 5                         蔬 菜 瓜 果 构 成

| 项目 | 苹果播种面积（万亩） | 蔬　菜 | | 瓜　类 | | 果　类 | |
|---|---|---|---|---|---|---|---|
| | | 万亩 | % | 万亩 | % | 万亩 | % |
| 播种面积 | 平原 | | | | | | |
| | 山区 | | | | | | |
| 单产（kg/亩） | 平原 | | | | | | |
| | 山区 | | | | | | |
| 总产（万 kg） | 平原 | | | | | | |
| | 山区 | | | | | | |

表 11 - 6                        种 植 模 式 类 型

| 项目 | 间套复种面积（万亩） | 复种 | | 套作 | | 间作 | | 混作 | | 其他 | |
|---|---|---|---|---|---|---|---|---|---|---|---|
| | | 万亩 | % | 万亩 | % | 万亩 | % | 万亩 | % | 万亩 | % |
| 播种面积 | 平原 | | | | | | | | | | |
| | 山区 | | | | | | | | | | |
| 单产（kg/亩） | 平原 | | | | | | | | | | |
| | 山区 | | | | | | | | | | |
| 总产（万 kg） | 平原 | | | | | | | | | | |
| | 山区 | | | | | | | | | | |

表 11 - 7                        种 植 模 式 与 作 物 历

| 类型 | 模式 | 月　份 | | | | | | | | | | | | 单产（kg/亩） |
|---|---|---|---|---|---|---|---|---|---|---|---|---|---|---|
| | | 1 | 2 | 3 | 4 | 5 | 6 | 7 | 8 | 9 | 10 | 11 | 12 | |
| 复种 | 小麦 | | | | | | | | | | | | | |
| | 大白菜 | | | | | | | | | | | | | |
| 套作 | 小麦 | | | | | | | | | | | | | |
| | 玉米 | | | | | | | | | | | | | |
| 间作 | 玉米 | | | | | | | | | | | | | |
| | 大豆 | | | | | | | | | | | | | |
| ⋮ | ⋮ | | | | | | | | | | | | | |
| | ⋮ | | | | | | | | | | | | | |

## 三、材料及用具

（1）一个生产单位农业资料、生产、流通等方面的原始资料。

（2）计算器、耕作学教材、绘图纸等。

表 11 - 8                                          轮 连 作 表

| 地块 | 年 份 | | | | |
|---|---|---|---|---|---|
| 1 | | | | | |
| 2 | | | | | |
| 3 | | | | | |
| 4 | | | | | |

### 四、方法及步骤

（1）熟悉所给资料。

（2）明确耕作制度优化设计目标。

在生产、经济、生态及社会四大效益中选择一个为目标，或采用多目标规划。

（3）明确资源与现行耕作制度的特点与问题。

（4）根据现行耕作制度的问题与资源优、劣势进行耕作制度重新规划与设计。

（5）设计方案的可行性分析。

### 五、作业

根据下列资料，对该县耕作制度进行综合设计。

（一）自然条件（表 11 - 9）

表 11 - 9                                    某 县 自 然 条 件

| 月份 | | 1 | 2 | 3 | 4 | 5 | 6 | 7 | 8 | 9 | 10 | 11 | 12 | 年均 |
|---|---|---|---|---|---|---|---|---|---|---|---|---|---|---|
| 气温<br>（℃） | 平原 | −4.7 | −2.5 | 4.6 | 13.0 | 20.5 | 24.3 | 26.1 | 24.8 | 19.4 | 12.4 | 4.0 | −3.0 | 11.6 |
| | 山区 | −8.8 | −6.1 | 1.5 | 10.1 | 17.9 | 21.5 | 23.4 | 21.9 | 16.4 | 9.5 | 0.7 | −6.8 | 8.4 |
| 降雨量<br>（mm） | 平原 | 0.8 | 3.9 | 9.7 | 24.8 | 25.3 | 69.8 | 239.4 | 207.6 | 60.6 | 28.5 | 5.5 | 1.3 | 676.6 |
| | 山区 | 0.9 | 4.4 | 3.6 | 26.7 | 24.0 | 47.1 | 164.7 | 166.4 | 43.6 | 29.0 | 5.2 | 1.3 | 521.8 |

平原：海拔 50～100m 则洪积平原，地面平坦，坡度小于 6°。

山区：海拔 400～800m，坡度 20°～30°起伏大，气候地形复杂，水土流失严重，侵蚀模数为 5000t/km²。

（二）生产条件

1. 土地

平原：土地 44 万亩，耕地 30.6 万亩，垦殖率 70%，森林覆盖率 8%。土壤为潮褐土，有机质 0.91%～1.33%，全氮 0.054%～0.081%，速效磷 6～15ppm，速效钾为 55～125ppm，土质为壤土。

山区：土地 30 万亩，耕地 3.6 万亩，垦殖率 12%，森林覆盖率 14%，宜林山地有 20 万亩。土壤为褐土，有机质 1.66%～2.41%，全氮 0.092%～0.20%，速效磷 10～16ppm，速效钾 108～225ppm。

2. 水利

平原：灌溉面积 26 万亩，占 85%，大部靠井灌，排水流畅。

山区：灌溉面积 1 万亩，占 28.3％。

3. 肥料

平原：每亩施农家肥 4m³，含氮 16kg，磷 8kg，钾 22kg，每亩施标准氮肥 75kg，磷肥 30kg，农药 0.4kg（纯）/亩。

山区：每亩施粗肥 3m3，含氮 13kg，磷 6kg，钾 16kg，每亩施标准氮肥 50kg，磷肥 25kg。

4. 人口劳力

平原：农业人口 15.7 万，人均耕地 1.95 亩，劳力 7.1 万，劳均耕地 4.3 亩。

山区：农业人口 3.6 万，人均耕地 1.0 亩，劳力 1.6 万个，劳均耕地 2.3 亩。

5. 牲畜

平原：猪 0.5 头/亩，大牲畜 0.1 头/亩，羊 0.1 只/亩。

山区：猪 0.3 头/亩，大牲畜 0.05 头/亩，羊 0.3 只/亩。粪便中含有机质量（kg/年）：大牲畜 764、羊 82、猪 150、成人 18。

6. 劳力

平原：1 台大中型拖拉机负担 800 亩，折合 976W/亩，小型拖拉机 1 台负担 234 亩，折合 599W/亩，每台电机机动负担 31.7 亩，折合 0.2kW/亩，机耕面积 80％，农业机械折 1.3kg/亩，农业用电 25kW·h/亩，用油 24kg/亩。

山区：农业机械折合 1kg/亩，机耕面积 40％，农业用电 12kW·h/亩，用油 6kg/亩。

7. 能源

平原：燃料 60％靠秸秆，30％靠煤，秸秆除燃料外，有 10％作饲草，20％还田。

山区：燃料 30％靠秸秆，40％靠薪柴，20％靠煤。

（三）社会经济条件

1. 地理位置

该县离大城市 150km，交通方便。

2. 需要

平原：要求产 0.625 亿 kg，提供商品 4000 万 kg，同时要增加对城市的肉奶蛋的供应。

山区：目前粮食不能自给，要求增加经济收入，并减少水土流失，改善生态环境。

3. 政策

4. 收益

平原：1980 年平均粮食亩产 334kg，每人占有粮食 571kg，吃粮 241kg，人均分配 179 元，每劳力产 1142kg，总收入 2377 万元，其中种植业占 47.6％，果林 1.45％，牧 8.51％，渔 0.096％，工副业 40.6％。

山区：1982 年平均粮食 236kg，每人占有粮食 202kg，吃粮 236kg，人均分配 117 元，每劳力产粮 501kg，总收入 925 万元，其中种植业占 43％，果林 9.7％，牧 6.9％，工副业 38％。

（四）科学技术与农艺水平（表 11 - 10）

表 11 - 10 科学技术因素与农艺水平

| 作 物 | 小 麦 | | 春 玉 米 | | 套 玉 米 | | 夏玉米 |
|---|---|---|---|---|---|---|---|
| 地形 | 平原 | 山区 | 平原 | 山区 | 平原 | 山区 | 平原 |
| 品种 | 农大 139 | 农大 139 | 京杂 6 号 | 京杂 6 号 | 京杂 6 号 | 京单 403 | 京早 7 号 |
| 密度 | 40 万穗/亩 | 20 万穗/亩 | 2500 | 2300 | 1900 | 2100 | 2500 |
| $LAI_{平均}$ | 2.5 | 1.5 | 1.5 | 1.2 | 1.2 | 1.1 | 1.4 |
| $LAI_{最大}$ | 6 | 3.5 | 2.8 | 2.5 | 2.4 | 2.2 | 2.3 |
| 成熟期 | 16/6 | 20/6 | 15/9 | 20/9 | 20/9 | 20/9 | 30/9 |
| 氮肥 (kg/亩) | 65 | 30 | 20 | 35 | 20 | 20 | 30 |

（五）耕作制度现状（表 11 - 11～表 11 - 13）

复种指数如下：

平原：复种指数 149.3％，一熟面积 50.7％，两熟面积占 49.3％。

山区：复种指数 144％，一熟面积占 56％，两熟面积占 44％。

表 11 - 11 耕 地 利 用 现 状

| 项目 | 耕地（万亩） | 水浇地（％） | 农业人口（万） | 人均耕地（亩/人） | 劳均耕地（亩/人） | 粮食面积 | | 蔬菜面积 | | 油料面积 | | 其他面积 | |
|---|---|---|---|---|---|---|---|---|---|---|---|---|---|
| | | | | | | 万亩 | ％ | 万亩 | ％ | 万亩 | ％ | 万亩 | ％ |
| 平原 | 30.6 | 85.0 | 15.7 | 1.95 | 4.3 | 24.3 | 79.4 | 0.9 | 2.9 | 1.67 | 5.5 | 3.73 | 12.2 |
| 山区 | 3.6 | 28.1 | 3.6 | 1.0 | 2.3 | 3.4 | 94.9 | 0.03 | 0.008 | 0.04 | 0.01 | 0.17 | 3.6 |

表 11 - 12 农 作 物 播 种 面 积

| 项目 | 小 麦 | | 玉 米 | | 水 稻 | | 谷 子 | |
|---|---|---|---|---|---|---|---|---|
| 单位 | 万亩 | ％ | 万亩 | ％ | 万亩 | ％ | 万亩 | ％ |
| 平原 | 11.5 | 31.7 | 16.5 | 44.5 | 2.6 | 27.0 | 0.11 | 0.3 |
| 山区 | 1.21 | 24.2 | 2.10 | 42.0 | 0.03 | 0.3 | 0.61 | 12.6 |

| 项目 | 高 粱 | | 薯 类 | | 豆 类 | | 粮食面积 | 复种指数 |
|---|---|---|---|---|---|---|---|---|
| | 万亩 | ％ | 万亩 | ％ | 万亩 | ％ | 万亩 | ％ |
| 平原 | 0.78 | 2.1 | 0.57 | 1.5 | 0.70 | 1.9 | 36.3 | 149.3 |
| 山区 | 0.13 | 2.6 | 0.28 | 5.0 | 0.10 | 2.0 | 3.6 | 144.0 |

表 11 - 13 农 作 物 产 量

| 项目 | | 粮食 | 小麦 | 玉米 | 水稻 | 杂粮 | 蔬菜 | 油料 |
|---|---|---|---|---|---|---|---|---|
| 平原 | 亩产（kg/亩） | 233.5 | 266 | 231.5 | 273 | 81 | 4197 | 47.5 |
| | 总产（万 kg） | 8106 | 3056.5 | 3820.5 | 715.5 | 420 | 377.5 | 96.5 |
| 山区 | 亩产（kg/亩） | 235.5 | 128.5 | 217.5 | 150 | 114 | 1250 | 42.5 |
| | 总产（万 kg） | 800 | 152 | 440.5 | 145 | 145 | 97.5 | 17 |

平原复种类型：2.5～2.7m 畦的三茬套种占 60％，2m 畦两套占 20％。

平原轮作：

（1）小麦—玉米→小麦—玉米（水浇地）。

（2）麦—稻→麦—稻—稻（水田）。

（3）玉米→玉米→豆类（旱地）。

（4）山区：小麦＋玉米→小麦＋玉米（水浇地）。

（5）玉米→玉米→谷子→薯、豆类（旱地）。

（6）小麦/玉米→小麦/玉米（水浇地）。

# 第十二章　土壤耕作措施的选配

## 一、目的与意义

各种土壤耕作措施有其特定的作用，在生产上需要根据气候、作物、土壤要求和经济效益相结合进行合理选用与配套才能起到改善农田肥力条件、培肥地力、促进作物持续增产的目的。通过对特定地区各种作物所需土壤耕作措施的选配，熟悉各地耕作措施的作用与选配方法。

## 二、内容

1. 调查研究，收集资料

（1）了解各种作物的轮换顺序、播种期、收获期及采用的主要耕作措施。

（2）了解当地的气候因素对土壤耕作的影响。

（3）了解土壤特性和水利条件对土壤耕作的要求。

（4）了解施肥、除草等措施对土壤耕作的要求。

（5）了解农机具的数量和作业性能。

2. 根据种植制度特点，选配相应的土壤耕作措施

（1）以轮作方式为主线，合理选配土壤耕作措施。

（2）基本耕作措施与表土耕作措施要合理搭配。

（3）要考虑施肥、灌溉、覆膜等措施对土壤耕作的要求。

（4）以播前土壤耕作为主，作物田间管理措施不必列出。

（5）为了降低成本，提高效益，尽量减少作业层次或采取联合作业。

## 三、作业

为下列生态类型区选配土壤耕作措施。

1. 新疆干旱半干旱区土壤耕作措施选配（表 12 - 1）

表 12 - 1　　　　　　　　　　　小麦→油葵→棉花

| | | | | | |
|---|---|---|---|---|---|
| 小麦 | 作业项目 | | | | |
| | 作业时间 | | | | |
| | 质量要求 | | | | |
| | 机具 | | | | |
| 油葵 | 作业项目 | | | | |
| | 作业时间 | | | | |
| | 质量要求 | | | | |
| | 机具 | | | | |

续表

| 棉花 | 作业项目 | | | |
|---|---|---|---|---|
| | 作业时间 | | | |
| | 质量要求 | | | |
| | 机具 | | | |

2. 新疆南疆地区生荒地土壤耕作措施选配（表 12-2）

表 12-2　　　　　　　　　　水稻→冬小麦→棉花

| 水稻 | 作业项目 | | | |
|---|---|---|---|---|
| | 作业时间 | | | |
| | 质量要求 | | | |
| | 机具 | | | |
| 冬小麦 | 作业项目 | | | |
| | 作业时间 | | | |
| | 质量要求 | | | |
| | 机具 | | | |
| 棉花 | 作业项目 | | | |
| | 作业时间 | | | |
| | 质量要求 | | | |
| | 机具 | | | |

3. 关中平原灌溉区土壤耕作措施选配（表 12-3）

表 12-3　　　　　小麦/棉花→小麦→玉米→小麦→芝麻

| 小麦 | 作业项目 | | | |
|---|---|---|---|---|
| | 作业时间 | | | |
| | 质量要求 | | | |
| | 机具 | | | |
| 棉花 | 作业项目 | | | |
| | 作业时间 | | | |
| | 质量要求 | | | |
| | 机具 | | | |
| 小麦 | 作业项目 | | | |
| | 作业时间 | | | |
| | 质量要求 | | | |
| | 机具 | | | |
| 玉米 | 作业项目 | | | |
| | 作业时间 | | | |
| | 质量要求 | | | |
| | 机具 | | | |

| | 作业项目 | | | | |
|---|---|---|---|---|---|
| 小麦 | 作业时间 | | | | |
| | 质量要求 | | | | |
| | 机具 | | | | |
| | 作业项目 | | | | |
| 芝麻 | 作业时间 | | | | |
| | 质量要求 | | | | |
| | 机具 | | | | |

4. 新疆南疆灌溉区土壤耕作措施选配（表 12 - 4）

**表 12 - 4** 　　　　　　　　小麦→水稻（插秧稻）→棉花→棉花

| | 作业项目 | | | | |
|---|---|---|---|---|---|
| 小麦 | 作业时间 | | | | |
| | 质量要求 | | | | |
| | 机具 | | | | |
| | 作业项目 | | | | |
| 水稻 | 作业时间 | | | | |
| | 质量要求 | | | | |
| | 机具 | | | | |
| | 作业项目 | | | | |
| 棉花 | 作业时间 | | | | |
| | 质量要求 | | | | |
| | 机具 | | | | |
| | 作业项目 | | | | |
| 棉花 | 作业时间 | | | | |
| | 质量要求 | | | | |
| | 机具 | | | | |

# 第十三章 土壤耕作质量检查

## 第一节 不同技术条件下翻地质量的评定

### 一、目的
使学生学会检查翻地质量的方法，掌握质量标准。

### 二、仪器设备
米尺，记录笔，纸，小铁锹。

### 三、方法和步骤
在田间机耕或翻地时进行实习，见表13-1。

1. 耕深

机耕同时测定犁沟壁的实际深度或在翻地后的地表上测定耕松土层的深度，取10点平均。后者的实际耕深为耕松层深度乘以耕松系数而得，耕松系数为0.8。

表13-1 翻耕质量验收标准

| 项目目标<br>标准等级 | 耕深情况 | 耕幅情况 | 垡片翻转 | 开闭垄状况 | 覆盖状况 | 地头地边<br>耕翻情况 |
|---|---|---|---|---|---|---|
| 合格 | 实际耕深与规定耕深之差不超过±1cm | 实际耕幅与规定耕幅之差不超过5cm | 立垡，回垡率不超过3% | 个数尽可能少，沟宽不大于35cm，沟深不大于10cm闭垄无生格子高不超过10cm | 残株杂草覆盖严密 | 围耕整齐 |
| 不合格 | 超过±1cm | 超过5cm | 超过3% | 开闭垄多或超过上列标准 | 覆盖不严密 | 围耕不整齐 |
| 总评 | 以耕深情况、开闭垄状况、覆盖状况和地头地边耕翻情况四项为主要指标，达到标准认为合格，其中有一项达不到标准都是不合格。六项全达到标准为优 | | | | | |

2. 耕幅

耕幅准确与否是有无漏重耕的标志。L-5-35五铧犁，耕幅为35cm/铧。测定方法是：从即将耕到的未耕地上取一点，量出该点至犁沟壁的距离（约5~6m），经两趟机耕后，再次测定该点到犁沟壁的距离。两者之差就是犁翻的实际宽度，以此除以犁体耕翻趟数即为耕幅。五点平均。

3. 土垡转散碎情况

按对角线法选五点，每点上测出一耕幅10m长度的回垡、立垡长度，并计算出立垡、回垡（垡线与犁底层所呈角度为翻垡角，翻垡角为80°~100°的垡片为立垡，大于100°的垡片为回垡、立垡，回垡长度的百分率为立垡、回垡率）。

4. 开闭垄

对各开沟与闭垄随机取 3～5 点，测出各点宽度，高度，深度。求其平均值。

5. 覆盖情况

目测整个地块是否有明显的残株，杂草。

6. 质量评定

质量评定见表 13－2。

表 13－2　　　　　　　　　　翻地作业质量检查记录表

| 内容 | | 耕深（cm） | 耕幅（cm） | 垡片翻转情况 | 开闭垄情况 | 地头地边情况 | 残株杂草覆盖情况 |
|---|---|---|---|---|---|---|---|
| 测点 | 1 | | | | | | |
| | 2 | | | | | | |
| | 3 | | | | | | |
| | 4 | | | | | | |
| | 5 | | | | | | |
| 平均单项评定 | | | | | | | |
| 总评 | | | | | | | |

单位：　　　　　面积：　　　　机具型号：　　　　　　日期：

## 四、作业

根据表 13－2 进行田间调查，并将各项的结果填入表内。

# 第二节　不同农业技术条件下耙地作业质量评定

## 一、意义及目的

耙地作业的主要目的是破碎土块，平整土地，保持水分，覆盖肥料和消灭杂草，为农作物的种子发芽生长创造良好条件。为此，耙过的土地，地面要平坦，不得有漏耙、硬耙和深沟，碎土良好，土块最大直径不得超过 3cm。

## 二、仪器

米尺，铁锹，记录本，笔，百米绳。

## 三、方法步骤

1. 耙深不够

作业机组驶过后，垂直耙幅的方向，轻轻将土壤扒开检查，并测量所耙深度。在整个地号耙完后。按对角线的方法，选择具有代表性的 5 个测点，然后将土壤一层一层的扒开，直到未耙土层为止，测量耙层厚度，即为实际耙深。

2. 耙深不匀

尾随在耙地机组的后面，选择带有代表性的地段，沿耙幅的方向轻轻将土壤扒开，检查衔接行程和本行程各耙片的入土深度。从测出的最深和最浅的数值中，可知耙深的均匀程度。

3. 碎土不良

当整个地块耙完后，按对角线的方法，选择 5 个具有代表性的测点，每个点以 1×1m² 的面积，检查测点内有直径 5cm 以上的土块，超过 5 个时，即为碎土不良。

4. 地面不平

整个地块耙完后，按对角线的方法，选择 5 个具有代表性的测点，以 10m 宽的距离二个对角线拉紧绷直，用尺测量地表面最高土棱和最底土沟的数值，两者相差高度和水平面相比，即为地面不平度。

5. 漏耙

在机组作业中，尾随耙组后面，分别检查每台耙之间和往复行程之间的衔接程度。整个地块全部耙完后，进行普遍检查，并测量大大小小不同形式的漏耙面积，再与地块总面积相比，即为漏耙率。

四、作业

调查分析田间耙地质量，列出下列表格（表 13 - 3），并分析该结果对作物的影响。

表 13 - 3　　　　　　　　　　　耙地作业质量检查记录表

| 耙深（cm） | | 碎土情况 | 地面平整情况 | 漏耙情况 | 耙深匀度情况 | 其他 |
|---|---|---|---|---|---|---|
| 测点 | 1 | | | | | |
| | 2 | | | | | |
| | 3 | | | | | |
| | 4 | | | | | |
| | 5 | | | | | |
| 平均单项评定 | | | | | | |
| 总评 | | | | | | |

# 第 二 篇

作 物 栽 培 部 分

# 第十四章 作 物 的 分 类

地球上的生物可分为动物、植物和微生物三大类，植物是其中之一。据资料介绍，现在地球上有记载的植物约有 30 万种，其中高等植物约有 20 万种，可供人类食用的植物有 75000 多种，但被人类利用和尝试的仅有 2500 多种，而人工种植的只有 150 余种，在农业生产中实际只有 20 余种植物被大量利用（不包括蔬菜），供给人类食用，提供了 90% 的粮食。

作物的分类有不同方法和标准，概括起来共有四种分类方法。

## 一、植物学分类

按植物科、属、种进行分类。一般用双名法对植物进行命名，称为学名，国际上可以通用。例如，玉米学名为 *Zea mays* L.，第一个字为属名，第二个字为种名，即玉米为玉米属、栽培种，第三个字是命名者的姓氏缩写。

## 二、根据作物生物学特性分类

### （一）按温度要求分类

按作物对温度条件的要求，可分为喜温作物和耐寒作物。喜温作物其生长发育的最低温度为 10℃左右，最适温度为 20～25℃，最高温度为 30～35℃，如水稻、玉米、高粱、谷子、棉花、花生、烟草等；耐寒作物生长发育的最低温度约在 1～3℃，最适温度为 12～18℃，最高温度为 26～30℃，如小麦、黑麦、豌豆等。

### （二）按光周期反应分类

按作物对光周期的反应，可分为长日照作物、短日照作物、中性作物和定日作物。凡在日长变短时开花的作物称短日照作物，如水稻、大豆、玉米、棉花、烟草等。凡在日长变长时开花的作物称长日照作物，如麦类、油菜等。开花与日长没有关系的作物称中性作物，如荞麦、豌豆等。定日作物要求日照长短有一定的时间才能完成其生育周期，如甘蔗的某些品种只有在 12h45min 的日长条件下才能开花，长于或短于这个日长都不开花。

### （三）根据 $CO_2$ 同化途径分类

根据作物对 $CO_2$ 同化途径的特点，可以分为三碳作物、四碳作物、景天科作物。三碳作物光合作用最先形成的中间产物是带三个碳原子的磷酸甘油酸，在光下 $CO_2$ 的补偿点高，有较强的光呼吸，这类作物有稻、麦、大豆、棉花等。四碳作物光合作用最先形成的中间产物是带四个碳原子的草酰乙酸等双羧酸。其光合作用的 $CO_2$ 补偿点低，光呼吸作用也低，在较高温度和强光下比三碳作物的光合强度高，需水量低，这类作物有甘蔗、玉米、高粱、谷子、苋菜等。景天科作物，晚上气孔开放，吸进 $CO_2$，与磷酸烯醇式丙酮酸结合，形成草酰乙酸，进一步还原为苹果酸，白天气孔关闭，苹果酸氧化脱羧放出 $CO_2$，参与卡尔文循环形成淀粉等，植物体在晚上有机酸含量高，碳水化合物含量下降，白天则相反，这种有机酸合成日变化的代谢类型称景天酸代谢（CAM）。

### 三、按农业生产特点进行分类

如按播种期，可分为春播作物、夏播作物、冬播作物等。按播种密度和田间管理等，可分为密植作物和中耕作物等。

### 四、按用途和植物学系统相结合的分类

这是通常采用的最主要的分类法，依此分类可将作物分成四大部分、九大类别。

（一）粮食作物（或称食用作物）

1. 谷类作物

绝大部分属于禾本科。主要作物有小麦、大麦、燕麦、黑麦、稻、玉米、谷子、高粱、黍、稷、稗、龙爪稷、蜡烛稗、薏苡等。荞麦属蓼科，其谷粒可供食用，也列入此类。

2. 豆类作物（或称菽谷类作物）

属豆科，主要提供植物性蛋白，常见的作物有大豆、豌豆、绿豆、小豆、蚕豆、豇豆、菜豆、小扁豆、蔓豆、鹰嘴豆等。

3. 薯芋类作物（或称根茎类作物）

植物学上科、属不一，主要生产淀粉类食物。常见的有甘薯、马铃薯、木薯、豆薯、山药（薯蓣）、芋、菊芋、蕉藕等。

（二）经济作物（或称工业原料作物）

1. 纤维作物

其中有种子纤维，如棉花；韧皮纤维，如大麻、亚麻、洋麻、黄麻、苘麻、苎麻等；叶纤维，如龙舌兰麻、蕉麻、菠萝麻等；此外，还有芦苇、席草等。

2. 油料作物

常见的有花生、油菜、芝麻、向日葵、蓖麻、苏子、红花等，也包括油茶、油桐、油棕、油橄榄和其他多年生油料作物。

3. 糖料作物

主要有甘蔗、甜菜，此外还有甜叶菊、芦粟等。

4. 其他作物

主要有嗜好作物烟草，饮料作物茶叶、咖啡、可可、啤酒花、代代花等。也包括调料作物薄荷、胡椒、花椒、八角、肉桂等，染料作物蓝靛、红花、茜草等，特种作物漆、橡胶等。

（三）绿肥及饲料作物

绿肥饲料作物豆科中常见的有苜蓿、苕子、紫云英、草木樨、田菁、柽麻、三叶草、沙打旺等；禾本科中常见的有苏丹草、黑麦草、雀麦草等；其他如红萍、水葫芦、水浮莲、水花生等；多年生桑也属于这一类。

（四）药用作物

药用作物种类颇多，栽培上常见的有人参、枸杞、黄芪、沙参、颠茄等。

# 第十五章 小麦的形态观察与田间管理

## 第一节 麦类作物的形态识别

### 一、目的和要求

认识和熟悉主要麦类作物在田间生长期间的形态特征。学会利用形态学特征认识和区分各种麦类作物及其代表性品种。观察和了解不同栽培措施处理对麦类作物生长发育及产量性状田间表现的影响。

### 二、先期准备

根据教学需要，设计和建立主要麦类作物种、品种、生态类型及典型品种的种植区，并按一般生长要求进行管理。

### 三、内容和方法

（一）时间安排

本次实习分 2 次进行：第一次在 4 月上旬末或中旬初，主要识别苗期的形态特征，一般具有以下几部分：即初生根、次生根、胚芽鞘、地中茎、分蘖节、分蘖、分蘖鞘等。第二次在 6 月上旬末或中旬初，主要认识成株及近成熟期的形态特征，包括叶片、叶鞘、叶舌、叶耳、叶枕，花序、穗、穗轴、小花等。

（二）主要内容

（1）在 4 月上旬末或中旬初，主要识别苗期的形态特征，一般具有以下几部分：即初生根、次生根、胚芽鞘、地中茎、分蘖节、分蘖、分蘖鞘等。

（2）主要在 6 月花序（穗）已完全长出或接近成熟时，观察其在田间生长的情况。利用田间春播小苗，观察其与黍类作物在田间的区别（不作为主要内容）。各种麦类作物有：

小麦：①在与其他麦类作物邻近的标本区观察普通小麦与其他麦类作物成株的区别。尤其注意叶形、株高、穗的形态和结构等易区分的性状；②在另一个小麦种的展示区观察普通小麦与野生一粒小麦、硬粒小麦、圆锥小麦、波兰小麦、波斯小麦、玛迦小麦、瓦维洛夫小麦、密穗小麦等小麦种的田间形态和主要区别。

大麦：①在与其他麦类作物邻近的标本区观察大麦与其他麦类作物成株的区别。尤其注意叶形、株高、穗的形态和结构等易区分的性状。②观察二棱大麦、中间型大麦、多棱大麦（包括四棱大麦和六棱大麦）的田间生长情况，要特别讲解和引导学生区分大麦各个亚种在株高、生长繁茂性、穗的形状和构造等方面的区别。③典型品种观察。

燕麦：①在与其他麦类作物邻近的标本区观察燕麦与其他麦类作物成株的区别。尤其注意叶形、株高、穗的形态和结构等易区分的性状。②观察普通燕麦（*Avena sativa*）和裸燕麦（莜麦，*A. nuda*）在田间生长的区别。

黑麦：在与其他麦类作物邻近的标本区观察黑麦与其他麦类作物成株的区别。尤其注意叶形、株高、穗的形态和结构等易区分的性状。

小黑麦：在与其他麦类作物邻近的标本区观察小黑麦与其他麦类作物成株的区别。特别是注意小黑麦与小麦和黑麦的形态学差异。

另外，在近旁的黑麦草生产区观察黑麦草与黑麦在分蘖性、穗型等方面的异同点。

**四、作业**

自行设计表格或其他表达形式，就本次观察的作物在田间生育的最主要特征进行概括总结。

# 第二节　小麦的播种技术及播种质量检查

**一、目的和要求**

以冬小麦为例，掌握禾谷类作物播种技术的主要方面，学会禾谷类作物播种质量的检查步骤和方法。

**二、工具和设备**

播种机、种子、皮尺、钢卷尺、种子收集器皿、小磅秤（或杆秤、托盘天平，根据播种面积和所用种子量确定）。

**三、内容和方法**

（一）播种技术

一般包括播种期、播种量、播种方式、播种深度的确定及播种前的土壤、种子和农机具的准备工作等。

1. 播种期的确定

"不违农时，适时播种"是作物壮苗的基础，也是增产的关键措施之一。对冬小麦而言，一般在日平均气温 16～18℃时播冬性品种，14～16℃时播半冬性品种，12～14℃时播春性品种。

2. 播种量的确定

一般按以下公式计算：

$$播种量 = \frac{要求的基本苗数（万/hm^2）}{每\ kg\ 种子粒数 \times 田间出苗率}（kg/hm^2）$$

但是要注意，对所使用的一批具体的种子，需要根据质量检验结果校正播种量，以保证所要求的基本苗数。

$$实际播种量 = \frac{要求的基本苗数（万/hm^2）}{每\ kg\ 种子粒数 \times 种子用价 \times 田间出苗率}（kg/hm^2）$$

$$每公斤种子粒数 = \frac{1000(g/kg) \times 1000}{千粒重（g）}$$

$$种子用价 = 种子净度（\%）\times 发芽率（\%）$$

3．播种方式

生产上常见的播种方式有窄垄窄行条播、宽垄宽行条播及大小垄条播等。冬小麦目前生产上一般以窄垄窄行条播和大小垄条播为主，窄垄窄行条播的行距为 15～20cm，大小垄条播有 13.3cm＋26.7cm 和 16.7cm＋16.7cm＋26.7cm 等。

4．播种深度

一般适宜的播种深度为 3～5cm。另外要注意到：黏性土稍浅，沙性土稍深；土壤湿度大宜浅，土壤湿度小宜深；小粒种子宜浅，大粒种子宜深。

5．土壤和种子的准备

（1）土壤准备。整地前要施足底肥。整地质量要求达到"深、透、净、细、平、实"。播种时，土壤水分应保持在田间持水量的 70％～80％。低于 60％ 而近期又无望降雨时，应考虑灌底墒水。

（2）种子准备。选好品种，做好选种、晒种和包衣或药剂拌种。

6．播种机的调整

播种机上一般都有播种量调整和指示装置。调整好以后所指示的播种量一般为单位面积上播种的种子重量。但是，由于拌种方法、播种行距等的调整，所指示的播种量与实际播种量不一定完全符合，因此应进行调整。调整可分两步进行。一是播种前调整，二是在播种时进一步调整。

（1）播种前调整。把播种机行走轮架起，转动行走轮到一定转数后停下，检查播种管排种量与计划播种量是否相符。反复做 2～3 次，直到调整达到相符时为止。然后把排种轮固定好。

a．转动播种机行走轮时播种管应排出种子的重量，可用下式计算：

$$\text{行走轮转 } n \text{ 转的排种量} = \frac{n \times \text{计划播种量（kg/hm}^2\text{）} \times \text{行走轮周长（m）} \times \text{播种机工作幅（m）}}{10000 \text{（m}^2\text{/hm}^2\text{）}}$$

b．用拖拉机牵引播种机走一定距离，把排种管排下的种子收集起来，用下列公式计算调整：

$$\text{每米行长应播的种子粒数} = \frac{\text{计划播种量（kg/hm}^2\text{）} \times \text{每 kg 种子粒数} \times \text{行距（m）}}{10000}$$

（2）播种时调整。由于整地质量的关系，播种机工作时播种量有所变动。要根据每米行长实际落粒数进一步调整播种机的排种量，以保证要求的基本苗数。

（二）播种质量的检查

无论机播还是耧播，都要进行播种质量检查。主要检查播种量多少、播种深度、覆土情况、有无漏播、重播，播种机的划印器是否合适，行距是否符合要求等。对播种量的检查，可在播种机走过之后，沿播种沟把覆土扒开，量一定长度，数一数落粒数，计算播种量是否合适，并测量播种深度。如不符合要求，应进一步调整，确保播种质量。

四、作业

1．根据当天的播种现场，你认为播种期、播种量和播种深度是否合适，为什么？

2．通过这次实习，你有什么收获和体会？

## 第三节　小麦生育期间的苗情调查、田间诊断和管理

**一、目的和要求**

目的：熟悉小麦各生育时期进行田间苗情调查的内容和方法。学会对所调查的麦田进行分类排队，利用所学知识提出分类管理的技术意见。学习科研和生产技术管理中常用的调查技巧和数据处理方法。

要求：一般以每2个学生分成一个小组，完成一个样点的性状调查。3个左右小组为一大组，完成一块麦田的调查。

**二、工具和设备**

每次调查因内容不同略有区别。一般需要皮尺、钢卷尺、竹竿或废弃细木棍（田间定点用，可就地取材）、感量1%天平、土钻和铝盒、电热干燥箱。

**三、时间安排**

本指导书列出了几乎所有生育时期需调查的内容。具体教学过程中可以根据学时要求安排。一般至少要进行2次，即越冬前和起身或拔节期实习。如果作为课内与课外结合的实习，可以全生育期中连续进行。成熟期的产量预测和考种在下一节介绍。

**四、内容和调查方法**

本指导书列出的调查内容较多，也很详细。最主要的调查项目包括群体动态（基本苗、总茎数）、个体性状（主茎叶片数、植株高度、单株茎数或分蘖数）、田间水分状况等。其他项目可以根据需要选做。实习地块的选择，在大田中可以以农户或品种或不同管理模式为单位，在试验田中以小区为单位。

（一）种植基础和管理措施调查记载

以地块为单位，认真调查和记载品种、种子处理方法、播种量、播种期、播种方式（行距配置）；常年整地和施肥情况、常年产量和前茬产量；施肥种类（化肥包括产地、有效成分含量）和数量；整地方法等。以上内容最好从播种准备时开始记载，记载不完全的可以补充调查。

生育期间继续做好各种栽培措施的时间、数量、实施方法等的记载。

（二）基本苗调查

1. 调查时间

开始分蘖前后。

2. 调查方法

以地块为单位，每地块至少定3个样点（有重复的试验田小区可以定1个点）。样点的选择，在试验小区中应距离小区各边缘1m以上，在大田应距离地头、地边、畦埂3m以上。每个点的面积为1m²。如果长期调查很多样点，调查任务繁重，可以把样点面积减为0.5m²。目前生产中也常用以下的方法确定样点面积：等行距种或宽窄垄播种的调查1m长的2行，三密一稀播种的调查1m长的3行，其面积（m²）为样点行数乘以平均行距（m）。各样点的位置以地头或地边为参照物，进行详细记载。样点四角处以竹竿或木棍扦插作为标志，为以后定点调查群体总茎数动态的依据。

3．调查结果

在样点中计数苗数，填写在相应的记录本或表格中，并计算为每平方米基本苗数（株/m²），亦即每公顷以万为单位的苗数（万株/hm²）。以后的数据计算相同。

（三）越冬前调查

1．调查时间

当秋季平均气温下降到 0～3℃ 时，冬小麦地上部停止生长，进入越冬期。这时麦苗的素质对能否安全越冬及将来穗数多少、产量高低都有影响。因此，无论是试验田还是大田，一般进入越冬期前都要进行一次全面调查，对苗情分类排队，为以后管理提供依据。

2．田间调查

以大田地块（或试验小区，下同）为单位，在调查基本苗时所定的样点上计数总茎数（主茎和分蘖的总和）。计数分蘖的标准：分蘖从其母茎叶鞘中伸出 1cm 以上。以后各时期标准相同。

将每个地块的 3 个点的总茎数平均，即为总茎数的值。总茎数除以该块地的平均基本苗，即为单株茎数。

3．取样和分样

要进行单株考察时，需要取样和分样。在同一块地上多点取样 50 株左右，带回室内（试验小区面积小又有重复的，可以取 20～30 株）。将全部苗按单株茎数（1，2，3，…）多少分开，按不同茎数的苗占样本总株数的比例取 30 株（试验小区有重复的，可以取 10～20 株），作为考苗样本。同时要使 30 株考苗样本的平均单株茎数与田间调查的单株茎数大致相等，以便将来群体与个体调查的数据互相对应。

例如：某块地平均基本苗为 18 万/亩，平均总茎数为 73.8 万/亩，平均单株茎数为 4.1 个。

所取 50 株苗中，单株 1 个茎的 2 株，占 4%；2 个茎的 3 株，占 6%；3 个茎的 8 株，占 16%；4 个茎的 23 株，占 46%；5 个茎的 9 株，占 18%；6 个茎的 3 株，占 6%；7 个茎的 2 株，占 4%。

按相应比例取 30 株，则应该取单株 1 个茎的 1.2 株，实取 1 株；2 个茎的 1.8 株，实取 2 株；3 个茎的 4.8 株，实取 5 株；4 个茎的 13.8 株，实取 14 株；5 个茎的 5.4 株，实取 5 株；6 个茎的 1.8 株，实取 2 株；7 个茎的 1.2 株，实取 1 株。

实际取苗 30 株的总茎数为 $1×1+2×2+3×5+4×14+5×5+6×2+7×1=129$，平均单株茎数为 4.3，与田间调查的 4.1 基本相同。如果想调整到与田间完全相同，可以把 7 个茎的 1 株去掉，换上 1 株 2 个茎的，则 30 株的总茎数成了 124，平均单株茎数即为 4.1 个。

4．考苗

将分好的样本逐株考察以下内容，并填入冬前单株考察表（表 15-1）。

（1）株号：按考察顺序的编号。从其中选出与平均单株茎数大致相同的 3 株排在最前面，作为测定叶面积指数用的样株，以避免重复测量。

（2）株高（cm）：从分蘖节到将苗抻直后最上部叶的顶部。

（3）主茎可见叶数：主茎上伸出下一叶叶鞘的所有叶片数。

（4）主茎展开叶数：主茎上展开的叶数。

（5）单株茎数：包括主茎和分蘖在内的茎数。

（6）不小于 3 叶的大茎数（包括主茎和大分蘖）。

**表 15 - 1** 　　　　　　　　　　　小麦冬前单株考察表

户主（或地点）：　　　　　　　品种（或处理）：　　　　　　　　　　　　　年　　　月　　　日

| 株号 | 株高（cm） | 主茎可见叶 | 主茎展开叶 | 单株茎数 | 不小于3叶大茎数 | 次生根数 | 主茎叶长/宽（cm） | | | | | | 其他叶片长/宽（cm） |
|---|---|---|---|---|---|---|---|---|---|---|---|---|---|
| | | | | | | | 1 | 2 | 3 | 4 | 5 | 6 | |
| 1 | | | | | | | | | | | | | |
| 2 | | | | | | | | | | | | | |
| 3 | | | | | | | | | | | | | |
| ⋮ | | | | | | | | | | | | | |
| 平均 | | | | | | | | | | | | | |

其他数据：基本苗（株/m²）：　　　　　总茎数（个/m²）：　　　　　样叶干重：（g/3 株）

　　　　　　绿叶干重（g/27 株）：　　　　叶鞘干重（g/30 株）：　　　　叶面积指数：

（7）次生根条数。

（8）主茎叶的长度和宽度（cm）：自下向上测定主茎各叶的长度（从叶片基部到最顶端的长度）和宽度（测量叶片最宽处）。

（9）把 3 株样株除主茎以外的其他叶片的长度和宽度也逐叶测定（只测定绿叶，1/2 长度变黄的叶子视为黄叶，不测量），并分别记载。未展开的叶子只测定已伸出叶鞘的部分。

5. 干物质测定

（1）把所有植株的地下部剪掉（为了各株一致，地中茎也一起剪掉）。

（2）把 3 株样株的全部绿叶单独剪下，装到一袋中。把其他植株的绿叶、黄叶及全部植株的叶鞘分别剪下，分开装袋。各个袋上详细写上地块（或处理小区）名称、内容物名称、日期等。

（3）把所有纸袋先置于 105℃的烘箱中杀青 30min，然后降温到 80℃左右烘干到衡重（约需 24h，但如烘箱中烘的样品较多要延长时间）。

（4）冷却后在精度 0.01 以上的天平上称重，并分别记载为样叶重、绿叶重、黄叶重、叶鞘重。称重后样品保存待测养分含量等其他内容。

6. 计算

（1）将第 4 项第（2）～（8）小项 30 株的值平均（可以以后计算），即为该样本各参数的平均值。

（2）把 3 株样株主茎叶和其他叶片长宽的乘积和除以 1.2，得到样叶面积。即样叶面积 = ∑（长度×宽度）÷1.2。

（3）把样叶重、绿叶重、黄叶重相加，得到叶片总重。叶片总重和叶鞘重分别除以

30，得单株叶片重和叶鞘重。

（4）叶面积指数的计算：

叶面积指数＝［样叶面积（cm²）÷样叶重（g）］×绿叶总重（g），（样叶与绿叶相加）÷30×基本苗（株/m²）÷10000。

7. 穗分化过程观察

每 2～3d 从每块地取苗 3～5 株，观察穗分化进程，准确记载幼穗形态。此项观察一般从返青后开始，但对穗分化开始较早的偏春性品种，有的需要从冬前开始。

8. 土壤调查

（1）土壤水分。一般按自土表向下 0～10cm、10～20cm 和 20～40cm 土层取土，用烘干法测定含水量。每块地取 3～5 点平均，了解越冬前土壤水分状况。如有特殊需要，取土深度可以再加深。

（2）土壤养分。如果需要，可以按以上方法取 0～20cm 土层的土壤，按植物营养学的方法测定土壤速效养分，包括碱解氮、速效磷和速效钾，供以后施肥参考。

（四）返青期调查

（1）详细记载各块地的返青期。

（2）目测田间死蘖或死苗情况。死蘖或死苗较严重且品种（地块）间有差异时，按越冬期调查点调查返青期总茎数及死茎数，并计算越冬分蘖存活百分率。

（3）幼穗分化观察。每 2～3d 每块地取有代表性的苗，详细观察记载主茎穗的分化进程。

（五）起身期调查

1. 调查时间

起身期。标准：春 2 叶伸出，春 1 叶与越冬叶的叶耳距达到 1.5cm 左右。

2. 田间调查

准确记载不同地块的起身期。先到起身期的先进行调查。

（1）总茎数：以地块为单位，在调查基本苗时所定的样点上计数总茎数（主茎和分蘖）。标准同越冬前。

将每个地块 3 个点的总茎数平均，即为总茎数的值。总茎数除以该块地的平均基本苗，即为单株茎数。

（2）分蘖生长情况：注意观察分蘖长势。部分分蘖的心叶生长缓慢或停止，呈喇叭口状空心蘖的，应结合调查田间水分和养分状况，考虑是否需要提前施肥浇水。

3. 取样和分样

在同一块地上多点取样 50 株左右，带回室内。将全部苗按单株茎数多少分开，按不同茎数的苗占样本总株数的比例取 30 株，作为考苗样本。同时要使 30 株考苗样本的平均单株茎数与田间调查的单株茎数大致相等，以便将来群体与个体调查的数据互相对应。取舍方法见越冬期调查。

4. 考苗

将分好的样本逐株考察以下内容，并填入起身期单株考察表（表 15-2）。

表 15 - 2　　　　　　　　　　小麦起身期单株考察表

户主（或地点）：　　　　　　　品种（或处理）：　　　　　　　年　月　日

| 株号 | 株高 (cm) | 主茎叶 | | | 单株茎数 | 次生根数 | 主茎春生叶长/宽（cm） | | | 3株样株其他叶片长/宽（cm） |
|---|---|---|---|---|---|---|---|---|---|---|
| | | 总可见叶 | 春生可见 | 春生展开 | | | 1 | 2 | 3 | |
| 1 | | | | | | | | | | |
| 2 | | | | | | | | | | |
| 3 | | | | | | | | | | |
| ⋮ | | | | | | | | | | |
| 平均 | | | | | | | | | | |

其他数据：基本苗（株/m²）：　　　　　总茎数（个/m²）：　　　　　样叶干重：（g/3 株）

绿叶干重（g/27 株）　　　　叶鞘干重（g/30 株）：　　　　叶面积指数：

（1）株号、株高、主茎总可见叶数、单株茎数、次生根条数、主茎春生叶的长度和宽度的测定方法，同越冬前。

（2）主茎春生可见叶数：春生叶的确定标准是，第 1 春生叶与冬前的第 1 叶相似，叶片基部和顶部的宽度相似。

（3）主茎春生展开叶数。

（4）把 3 株样株除主茎春生叶以外的其他叶片的长度和宽度也逐叶测定（只测定绿叶，3/4 长度变黄的叶子视为黄叶，不测量），并分别记载。未展开的叶子只测定已伸出叶鞘的部分。

5. 干物质测定

处理方法与冬前相同。

6. 计算

计算项目和方法与越冬前相同。

7. 穗分化过程观察

每 2～3d 从每块地取苗 3～5 株，继续观察穗分化进程，准确记载幼穗形态。

8. 土壤调查

必要时进行。内容和方法同越冬前。

（六）拔节期调查

1. 调查时间

拔节期。标准：约在春生第 3 叶展开，第 4 叶露尖，茎基部第 1 伸长节间将近定长，第 2 伸长节间迅速伸长时。当伸长的节间伸出地面 1.5～2.0cm 时称为拔节，全田 50％的主茎达到此标准为拔节期。

2. 田间调查

准确记载不同地块的拔节期。先到拔节期的先进行调查。

（1）总茎数。以地块为单位，在调查基本苗时所定的样点上计数正在生长着的总茎数（因心叶生长停止，已呈喇叭口状的缩心茎不计在内）。

将每个地块 3 个点的总茎数平均，即为总茎数的值。总茎数除以该块地的平均基本苗，即为单株茎数。

（2）大蘖数。在计数总茎数的同一样点内，再数一次已见到春生第 4 叶的茎数，并换算成每平方米大茎数。这个数值与最后成穗数接近，对预测穗数有参考价值。

（3）封垄情况。可以分为 3 级。

1）封垄。顺麦行向前看，行间的麦叶交织在一起，很难看到地面或根本看不到地面，即为封垄。拔节期封垄的麦田叶面积指数一般在 4 以上，群体较大，田间过于郁闭，后期易因倒伏而减产。对此类麦田应推迟拔节期肥水，并减少施肥量。

2）半封垄（搭叶）。顺麦行向前看，相邻行的麦叶有部分叶尖交织，但还能见到行间地面，呈"远望一大片，近看几条线，搭叶不封垄，俯视见地面"的长相。这种长相的麦田叶面积指数在 3～4 之间，是丰产不倒的长相。

3）未封垄。相邻行麦叶叶尖不相交。这种麦田叶面积指数太小，不能充分利用光能。虽无倒伏危险，也不能高产。

（4）叶形：根据田间诊断经验，叶形可以分为 3 类。

1）"马耳叶"。小麦的展开叶窄小，直立上举。一般未封垄，常伴有叶色发黄。是肥力不足，麦苗瘦弱的苗相。

2）"驴耳叶"。展开叶微卷斜伸，叶尖微微下垂，即"点头不哈腰"的叶相。一般田间半封垄（搭叶），夜色鲜绿挺秀。是肥水管理合理，长相正常，能高产又抗倒伏的长相。

3）"猪耳叶"。展开叶宽大浓绿，下垂严重。远望可见叶片反光"发白"。一般田间已封垄，植株软弱，是肥水过头，群体偏大，苗偏旺的长相。

3．取样和分样

方法见越冬期调查。

4．考苗

将分好的样本逐株考察以下内容，并填入拔节期单株考察表（表 15 - 3）。

表 15 - 3　　　　　　　　　　小麦拔节期单株考察表

户主（或地点）：　　　　　　　品种（或处理）：　　　　　　　　　　年　月　日

| 株号 | 株高 (cm) | 主茎叶 | | | 单株茎数 | 次生根数 | 主茎春生叶长/宽（cm） | | | | | 3株样株其他叶片长/宽（cm） |
|---|---|---|---|---|---|---|---|---|---|---|---|---|
| | | 总可见叶 | 春生可见 | 春生展开 | | | 1 | 2 | 3 | 4 | 5 | |
| 1 | | | | | | | | | | | | |
| 2 | | | | | | | | | | | | |
| 3 | | | | | | | | | | | | |
| 4 | | | | | | | | | | | | |
| ⋮ | | | | | | | | | | | | |
| 平均 | | | | | | | | | | | | |

其他数据：基本苗（万/亩）：　　　总茎数（万/亩）：　　　样叶干重（g/3 株）　　　绿叶干重（g/27 株）：

黄叶干重（g/30 株）：　　叶鞘干重（g/30 株）：　　茎秆干重（g/30 株）：　　叶面积指数：

（1）株号、株高、主茎春生可见叶数、主茎春生展开叶数、单株茎数、次生根条数、主茎春生叶的长度和宽度的测定方法，同越冬前和起身期调查。

（2）单株大茎数：单茎总叶数 3 个以上的茎数。

（3）把 3 株样株除主茎春生叶以外的其他叶片的长度和宽度也逐叶测定（只测定绿叶，3/4 长度变黄的叶子视为黄叶，不测量），并分别记载。未展开的叶子只测定已伸出叶鞘的部分。

5. 干物质测定

（1）把所有植株的地下部剪掉（为了各株一致，地中茎也一起剪掉）。

（2）把 3 株样株的全部绿叶单独剪下，装到一袋中。把其他植株的绿叶、黄叶、叶鞘（包括包在下面叶鞘中未伸出的叶片部分）、茎（已伸长的茎节及幼穗）分别剪下，分开装袋。

（3）把所有纸袋先置于 105℃ 的烘箱中杀青 30min，然后降温到 80℃ 左右烘干到衡重。

（4）冷却后在精度 0.01 以上的天平上称重，并分别记载为样叶重、绿叶重、黄叶重、叶鞘重、茎秆重。称重后样品保存待测养分含量。

6. 计算

（1）将第 4 项第（1）～（2）小项 30 株的值平均（可以以后计算），即为该样本各参数的平均值。

（2）样叶面积和叶面积指数的计算方法同越冬前。

（3）把样叶重、绿叶重、黄叶重相加，得到叶片总重。叶片总重、叶鞘重和茎秆重分别除以 30，得单株叶片重、叶鞘重和茎秆重。

7. 穗分化过程观察

每 2～3d 从每块地取苗 3～5 株，继续观察穗分化进程，准确记载麦穗形态。

8. 土壤调查

必要时进行。内容和方法同越冬前。

（七）孕穗期调查

1. 调查时间

孕穗标准：旗叶全部露出倒 2 叶叶鞘，旗叶和倒 2 叶叶耳距达到 4～5cm 时，即为孕穗。全田 50％ 植株达到此标准时，即为孕穗期。

2. 田间调查

准确记载不同地块的孕穗期。先到孕穗期的先进行调查。

（1）大茎数：以地块为单位，在调查基本苗时所定的样点上计数大茎数（大约与最后成穗数相同，高度低于平均高度 2/3 的分蘖不计数）。

将每个地块 3 个点的大茎数平均，即为总（大）茎数的值。总（大）茎数除以该块地的平均基本苗，即为单株（大）茎数。

（2）田间诊断：在田间目测麦苗长相。麦田封垄适宜，叶色浓绿。叶片宽大适中，旗叶顶部下垂，但不超过旗叶长度的 1/3。单茎保持 4～5 片绿叶，叶面积指数 6 左右，通风透光良好的，为丰产长相。

3. 取样和分样

在同一块地上多点取样 30 株左右，带回室内。将全部苗按单株大茎数（1，2，3，…）

多少分开，按不同茎数的苗占样本总株数的比例取 20 株，作为考苗样本。同时要使 20 株考苗样本的平均单株茎数与田间调查的单株茎数大致相等。以便将来群体与个体调查的数据互相对应。取舍方法见越冬期调查。

4. 考苗

将分好的样本逐株考察以下内容，并填入孕穗期单株考察表（表 15-4）。

**表 15-4**         **小麦孕穗期单株考察表**

户主（或地点）：　　　　　品种（或处理）：　　　　　　　　　　年　月　日

| 株号 | 株高（cm） | 主茎绿叶数 | 单株大茎数 | 次生根数 | 主茎绿叶长/宽（cm） | | | | | | 3 株样株其他叶片长/宽（cm） |
|---|---|---|---|---|---|---|---|---|---|---|---|
| | | | | | 旗叶 | 倒 2 | 倒 3 | 倒 4 | 倒 5 | 倒 6 | |
| 1 | | | | | | | | | | | |
| 2 | | | | | | | | | | | |
| 3 | | | | | | | | | | | |
| ⋮ | | | | | | | | | | | |
| 平均 | | | | | | | | | | | |

其他数据：基本苗（万/亩）：　　　　总茎数（万/亩）：　　　　样叶干重（g/3 株）：
叶片干重（g/17 株）：　黄叶干重（g/20 株）：　叶鞘干重（g/20 株）：
茎秆干重（g/20 株）：　穗干重（g/20 株）：　叶面积指数：

（1）株号。按考察顺序的排号。从其中选出与平坦单株大茎数大致相同的 3 株排在最前面，作为测定叶面积指数用的样株，以避免重复测量。

（2）株高（cm）。从分蘖节到将苗抻直后最上部叶的顶部。

（3）主茎绿叶数。可以用小数，如 5.2 个。

（4）单株大茎数。标准同上。

（5）次生根条数。

（6）主茎绿叶的长度和宽度（cm）：自上向下测定主茎各绿叶的长度和宽度。记载为旗叶（倒 1 叶）、倒 2 叶、……（表 15-4）。

（7）把 3 株样株除主茎春生叶以外的其他叶片的长度和宽度也逐叶测定（只测定绿叶，3/4 长度变黄的叶子视为黄叶，不测量），并分别记载。未展开的叶子只测定已伸出叶鞘的部分。

5. 干物质测定

（1）把所有植株的地下部剪掉（为了各株一致，其中茎也一起剪掉）。

（2）把 3 株样株的全部绿叶单独剪下，装到一袋中。把其他植株的绿叶、黄叶、叶鞘、茎、幼穗（从叶鞘中剥出）分别剪下，分开装袋。

（3）把所有纸袋先置于 105℃ 的烘箱中 30min，然后降温到 80℃ 左右烘干到衡重。

（4）冷却后在精度 0.01 以上的天平上称重，并分别记载为样叶重、绿叶重、黄叶重、叶鞘重、茎秆重、穗重。称重后样品保存待测养分含量。

6. 计算

（1）将第 4 项第（2）～（6）小项 20 株的值平均，即为该样本各参数的平均值。

（2）样叶面积和叶面积指数的计算方法同越冬前，但要注意取样株数为 20 株，而不是 30 株。

（3）把样叶重、绿叶重、黄叶重相加，得到叶片总重。叶片总重、叶鞘重、茎秆重和穗重分别除以 20，得单株叶片重、叶鞘重、茎秆重和穗重。

7. 穗分化过程观察

每 2～3d 从每块地取苗 3～5 株，继续观察穗分化进程至抽穗，准确记载麦穗形态。

（八）抽穗期调查

准确记载抽穗期。标准：50％的穗从旗叶鞘中抽出穗总长度（不包括芒）的 1/3。如有必要，抽穗期的调查内容和方法可参照孕穗期。

（九）开花期调查

1. 调查时间

开花期。标准：50％的穗中部小穗上有小花开花。

2. 田间调查

准确记载不同地块的开花期。先到开花期的先进行调查。以地块为单位，在调查基本苗时所定的样点上计数穗数。将每个地块 3 个点的穗数平均，即为总穗数的值。总穗数除以该块地的基本苗，为单株穗数。

3. 分样

在同一块地上多点取样 20 株左右，带回室内。将全部植株按单株穗数（1，2，3，…）多少分开，按不同穗数的苗占样本总株数的比例取 15 株，作为考苗样本。同时要使 15 株考苗样本的平均单株穗数与田间调查的单株穗数大致相等。以便将来群体与个体调查的数据互相对应。取舍方法同前。

4. 考苗

将分好的样本逐株考察以下内容，并填入开花期单株考察表（表 15 - 5）。

表 15 - 5 　　　　　　　　　　　小麦开花期单株考察表

户主（或地点）：　　　　　品种（或处理）：　　　　　　　　　　年　月　日

| 株号 | 株高（cm） | 主茎绿叶数 | 单株穗数 | 次生根数 | 主茎绿叶长/宽（cm） | | | | | | 3 株样株其他叶片长/宽（cm） |
|---|---|---|---|---|---|---|---|---|---|---|---|
| | | | | | 旗叶 | 倒 2 | 倒 3 | 倒 4 | 倒 5 | 倒 6 | |
| 1 | | | | | | | | | | | |
| 2 | | | | | | | | | | | |
| 3 | | | | | | | | | | | |
| ⋮ | | | | | | | | | | | |
| 平均 | | | | | | | | | | | |

其他数据：基本苗（万/亩）：　　　　总茎数（万/亩）：　　　　样叶干重：（g/3 株）

　　　　　叶片干重（g/12 株）：　　黄叶干重（g/15 株）：　　　叶鞘干重（g/15 株）：

　　　　　茎秆干重（g/15 株）：　　穗干重（g/15 株）：　　　　叶面积指数：

（1）株号。按考察顺序的排号。从其中选出与平均单株穗数大致相同的 3 株排在最前面，作为测定叶面积指数用的样株，以避免重复测量。

（2）株高（cm）。从分蘖节到穗顶部的高度（不包括芒）。

（3）主茎绿叶数（可以用小数）。

（4）单株穗数。

（5）次生根条数。

（6）主茎绿叶的长度和宽度（cm）。方法同孕穗期。

（7）把 3 株样株除主茎春生叶以外的其他叶片的长度和宽度也逐叶测定（只测定绿叶），并分别记载。

5. 干物质测定

方法和步骤同孕穗期。

6. 计算

（1）将第 4 项第（2）～（6）小项 15 株的值平均，即为该样本各参数的平均值。

（2）样叶面积和叶面积指数的计算方法同前，但要注意取样株数为 15 株。

（3）把样叶重、绿叶重、黄叶重相加，得到叶片总重。叶片总重、叶鞘重、茎秆重和穗重分别除以 15，得单株叶片重、叶鞘重、茎秆重和穗重。

（十）开花后调查

1. 调查时间

根据教学或科研需要确定。一般可以在开花后每 10d 一次，也可以每 5d 一次。

2. 取样和分样

各地块的总穗数和平均单株穗数，均按开花期的调查结果计，不再调查。取样数量和分样取舍方法均同开花期。

3. 考苗

将分好的样本逐株考察，考察内容和方法基本同开花期，但次生根条数可不再考察。考察结果填入开花后单株考察表（表 15 - 6）。

表 15 - 6　　　　　　　　小麦开花后____天单株考察表

户主（或地点）：　　　　品种（或处理）：　　　　　　　　　年　月　日

| 株号 | 株高 (cm) | 主茎绿叶数 | 单株穗数 | 主茎绿叶长/宽（cm） | | | | | | 3 株样株其他叶片长/宽（cm） |
|---|---|---|---|---|---|---|---|---|---|---|
| | | | | 旗叶 | 倒 2 | 倒 3 | 倒 4 | 倒 5 | 倒 6 | |
| 1 | | | | | | | | | | |
| 2 | | | | | | | | | | |
| 3 | | | | | | | | | | |
| 4 | | | | | | | | | | |
| ⋮ | | | | | | | | | | |
| 平均 | | | | | | | | | | |

其他数据：基本苗（万/亩）：　　　　总茎数（万/亩）：　　　　样叶干重（g/3 株）

叶片干重（g/12 株）：　　黄叶干重（g/15 株）：　　叶鞘干重（g/15 株）：

茎秆干重（g/15 株）：　　穗干重（g/15 株）：　　籽粒干重（g/15 株）：　　　叶面积指数：

4. 干物质测定

方法同开花期。但在把穗剪下后，将籽粒从颖壳中剥出，籽粒和颖壳也分开装袋。称重时各部分分别记载为样叶重、绿叶重、黄叶重、叶鞘重、茎秆重、穗壳重、粒重。称重后样品保存。

5. 灌浆速度测定

从开花后第 3d 开始，每 3d 从每块地中另取有代表性大小一致的穗 10 穗，剥出籽粒，烘干后测定干重，并计数总粒数。计算每千粒日增重量。

6. 计算

方法同开花期。只是在干物质重量计算中加上穗壳重和籽粒重。

### 五、作业

根据教师要求或科研需要，完成一个或几个生育时期的田间调查核实内考察的全部工作，并将结果填写在相应的表格中。

## 第四节 小麦分蘖特性观察

### 一、目的要求

（1）熟悉分蘖期麦苗的形态特征，认识分蘖的各种类型。

（2）了解主茎叶片与分蘖发生的同伸关系及分蘖与次生根发生的关系。

（3）学习分析小麦分蘖期幼苗性状的方法。

### 二、材料及用具

1. 材料

不同播深、不同叶龄及不同分蘖类型的麦苗及相应的挂图。

2. 用具

解剖器、瓷盘、直尺、计算器。

### 三、内容和方法

（一）分蘖期麦苗形态的观察和分蘖类型的识别

取典型的分蘖期麦苗，对照挂图认识小麦幼苗的形态结构。

小麦（*Triticum aestivum* L.）的幼苗由初生根、次生根、盾片、胚芽鞘、地中茎、分蘖节、主茎叶片、分蘖鞘和分蘖叶片等构成。

（1）初生根。又叫种子根。种子萌发时先有 1 条胚根生出，随后成对出现 1～3 对初生根，所以，初生根一般为 3～7 条，少有 8 条。初生根在形态上比次生根细，根毛少，颜色较深。在有胚芽鞘分蘖时，胚芽鞘节上有时也会发生 1～2 条次生根，其粗度一般较初生根稍粗，但较分蘖节发生的次生根稍细，并且由于发生部位与种子根接近，极易与种子根混淆。

（2）次生根。又叫节根，着生于分蘖节上，与分蘖几乎同时发生。一般主茎每发生 1 个分蘖，就在主茎叶的叶鞘基部，长出数条次生根。次生根在形态上比初生根粗，附着土粒较多。

（3）盾片。与初生根在一起，位于地中茎下端，呈光滑的圆盘状，与胚芽鞘在同一侧。

（4）胚芽鞘。种子萌发后，胚芽鞘首先伸出地面，为一透明的细管状物，顶端有孔，见光后开裂，停止生长。到麦苗分蘖以后，它位于地中茎下端。

（5）地中茎。指胚芽鞘节与第1真叶节之间出现的一段乳白色的细茎。地中茎是调节分蘖节深度的器官，当播种过深，超过地中茎的伸长能力时，第1、第2叶或第2、第3叶之间的节间也会伸长，形成多层分蘖的现象。

（6）分蘖节。发生分蘖的节称为分蘖节。分蘖节由几个极短的节间、节、幼小的顶芽和侧芽（分蘖芽）所组成。它不仅是长茎、长叶、长蘖、长次生根的器官，而且也是贮藏营养物质的器官。

（7）分蘖鞘（鞘叶）。在形态上与胚芽鞘相似，也是只有叶鞘没有叶片的不完全叶。小麦的每个分蘖都包在分蘖鞘里，与主茎幼小时包在胚芽鞘中一样。当分蘖刚从叶鞘中伸出时，由分蘖鞘中伸出分蘖的第1叶片。

（8）主茎叶片。丛生在分蘖节上。观察时注意叶片的位序。首先找出第1片叶，然后依其互生关系就可以找出其他叶片。确定第1叶片的方法，生育初期可以根据叶形鉴别。第1片叶在形态上与其他叶片不同，上下几乎一样宽，顶端较钝，叶片短而厚，叶脉较明显，形似宝剑。生育中后期，第1片叶往往枯死脱落，且其方位可依盾片的位置和方向来确定，因为小麦主茎第1叶片都在盾片的对侧。以盾片来鉴别时，一定要把麦苗拿正，拉直胚根，地中茎不要发生扭曲。认识主茎叶序，还可以借助于主茎分蘖（一级分蘖）的方位来确定，在不缺位的情况下，一般是1个叶带1个蘖，确定了分蘖，也就找到了相应的叶片。根据这种关系，应先区别主茎和分蘖。从位置上看，主茎一般位于株丛中央，从形态上看，一般主茎较分蘖高而粗壮。如遇特殊情况（畸形或缺位），需综合上述两种情况，并凭一定的经验确定。

由于生育条件的不同，麦苗会出现不同的分蘖类型。根据分蘖的着生部位和入土深度，通常分为4个类型。取不同的分蘖型麦苗，对照挂图进行认识。

1. 普通分蘖型

在主茎上形成1个分蘖节，是最常见的分蘖类型。

2. 多层分蘖型

由于播种过深或其他条件的影响，除地中茎伸长外，主茎第1叶与第2叶之间，甚至第2叶与第3叶之间的节间也伸长，形成"多层分蘖"。

3. 地中茎未伸长分蘖型

播种较浅时，地中茎不伸长，形成地中茎未伸长的分蘖型，分蘖节在种子的入土深度处形成。

4. 胚芽鞘分蘖型

胚芽鞘是主茎的1片变态叶，叶腋中有1个蘖芽，可长出1个分蘖。该分蘖还可发生二级分蘖。一株小麦除了主茎的基本分蘖外，还生有胚芽鞘分蘖，称为胚芽鞘分蘖型。在种子质量好，播种深度适宜，肥水充足的高产田，常出现胚芽鞘分蘖。

（二）分蘖的出生及同伸关系

取主茎叶龄为3叶、5叶、7叶的麦苗进行观察。

小麦幼苗长出第3叶时，由胚芽鞘腋间长出1个分蘖。由于胚芽鞘节入土较深，胚芽鞘分蘖常受抑制，一般只有在良好的条件下才能发生。

当主茎第 4 叶伸出时，在主茎第 1 叶的叶腋处长出第 1 个分蘖（主茎第 1 分蘖）。当主茎第 5 叶片伸出时，在主茎第 2 叶叶腋处又生出 1 个分蘖（主茎第 2 分蘖），依次类推。着生于主茎上的分蘖称为一级分蘖。当一级分蘖的第 3 片叶伸出时，在其分蘖鞘叶腋间产生 1 个分蘖。以后每增加 1 片叶也按叶位顺序增长 1 个分蘖。上述均为分蘖节分蘖。分蘖节分蘖分为不同的级序，由一级分蘖产生的分蘖称为二级分蘖，由二级分蘖长出三级分蘖，依次类推。

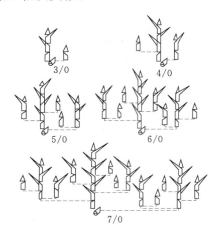

图 15－1　小麦分蘖与主茎叶片
的同伸关系示意图

◁—胚芽鞘、分蘖鞘；⌇—完全叶；△—心叶

分蘖的发生有严格的顺序性，一般情况下，主茎或分蘖上的腋芽都循着由低位向高位的规律萌发生长，并且与主茎叶的出生有一定的对应关系。小麦分蘖过程中，主茎的叶序与各级分蘖叶有以下同伸关系（表 15－7）。如主茎第 3 叶（3/0）与胚芽鞘分蘖第 1 叶（1/C）同伸；主茎第 4 叶（4/0）与胚芽鞘分蘖第 2 叶（2/C）及主茎第 1 分蘖第 1 叶（1/Ⅰ）同伸；5/0 叶与 3/C、1/Cp、2/Ⅰ、1/Ⅱ同伸等。余者类推（图 15－1）。

根据上述同伸关系，已知主茎叶龄，可推算出某一分蘖的叶龄及全株可能出现的理论分蘖数。即主茎某一叶片出现时可能出现的总分蘖（包括主茎）为其前 2 个叶龄时发生的总分蘖数之和。如主茎 5 叶龄的总分蘖数加主茎 6 叶龄的总分蘖数等于主茎第 7 叶龄的总分蘖数，即 5＋8＝13。在生产上，胚芽鞘分蘖常不出现，则主茎 7 叶龄的总分蘖数为 3＋5＝8。另外，根据主茎叶龄与分蘖的同伸关系，可推算出主茎的最高蘖位。

表 15－7　　　　　主茎的叶位与各级分蘖出现的对应关系（山东农学院，1975）

| 主茎出现的叶位 | 主茎出现的叶片数 | 同　伸　的　蘖　节　分　蘖 | | | 同伸组蘖节分蘖数 | 单株总茎数（包括主茎） | 胚芽鞘蘖 | 胚芽鞘蘖的二级蘖 |
| | | 一级分蘖 | 二级分蘖 | 三级分蘖 | | | | |
| --- | --- | --- | --- | --- | --- | --- | --- | --- |
| 1/0 | 1 | | | | | | | |
| 2/0 | 2 | | | | | | | |
| 3/0 | 3 | | | | 0 | 1 | C | |
| 4/0 | 4 | Ⅰ | | | 1 | 2 | | |
| 5/0 | 5 | Ⅱ | | | 1 | 3 | | $C_P$ |
| 6/0 | 6 | Ⅲ | Ⅰ$_P$ | | 2 | 5 | | $C_1$ |
| 7/0 | 7 | Ⅳ | Ⅰ$_1$，Ⅱ$_P$ | | 3 | 8 | | $C_2$ |
| 8/0 | 8 | Ⅴ | Ⅰ$_2$，Ⅱ$_1$，Ⅲ$_P$ | Ⅰ$_{P-P}$ | 5 | 13 | | |
| 9/0 | 9 | Ⅵ | Ⅰ$_3$，Ⅱ$_2$，Ⅲ$_1$，Ⅳ$_P$ | Ⅰ$_{1-P}$，Ⅰ$_{P-1}$，Ⅱ$_{P-P}$ | 8 | 21 | | |

注　胚芽鞘节分蘖与主茎叶位的同伸关系很不稳定，表中根据大量实际观察资料归纳所得。

主茎最高蘖位＝$n-3$（$n$ 代表主茎可见叶，即叶龄）

一般大田生产上实际分蘖数常少于理论分蘖数，正稀播田和高产田实际分蘖数有时接近理论分蘖数，特别是在浅播条件下，实际分蘖数在某一时期内也可能稍大于理论分蘖数。主茎的低位蘖发生比较正常，与主茎叶片的同伸关系也较为密切，而高位蘖发生的规律性较差。不良的环境条件影响分蘖的正常出生，不但可以抑制高位蘖，而且也可以抑制低位蘖的发生，使之形成空蘖（缺位），特别是胚芽鞘分蘖和 I 蘖容易缺位。

小麦分蘖的发生与节根的发生也有一定的关系，一般主茎每发生 1 个分蘖，就在出生分蘖的节上长出 3 条左右节根，从植物解剖学的观点看，这些节根属于主茎，而不属于一级分蘖。当一级分蘖上发生二级分蘖时，在着生每个二级分蘖的节上一般可长出 2 条节根，这些节根才属于一级分蘖，而不属于二级分蘖，余同。

（三）分蘖期麦苗性状的分析

每组取一个播种深度的麦苗 5 株，逐株测量麦苗的高度，主茎叶片数及其长度和宽度，分蘖数及分蘖叶片数，次生根数，分蘖节深度和地中茎长度，平均后填入表 15-8。并将其他组的资料也记入表中。

表 15-8　　　　　　　　　　　　播种深度对麦苗性状的影响

| 播种深度(cm) | 株高(cm) | 次生根数(条/株) | 分蘖节深度(cm) | 地中茎长度(cm) | 主茎叶数 | | 主茎叶长/宽(cm) | | | | | | | 分蘖数(个/株) | 分蘖叶数 | | | | | | | |
|---|---|---|---|---|---|---|---|---|---|---|---|---|---|---|---|---|---|---|---|---|---|---|
| | | | | | 展叶 | 见叶 | 1叶长/宽 | 2叶长/宽 | 3叶长/宽 | 4叶长/宽 | 5叶长/宽 | 6叶长/宽 | 心叶长 | | I | II | III | IV | $I_p$ | $I_1$ | C | … |
| | | | | | | | | | | | | | | | | | | | | | | |
| | | | | | | | | | | | | | | | | | | | | | | |
| | | | | | | | | | | | | | | | | | | | | | | |

**四、作业**

1. 写出 7 叶龄时麦苗的理论分蘖数及该同伸组各成员的名称，观察记载 1 株 7 叶龄麦苗的实际分蘖数及其名称、次生根数及其部位。

2. 试分析播种深度对麦苗性状的影响。

3. 从小麦分蘖发生的多样性，简述小麦的适应性及提高播种技术的重要性。

# 第五节　小麦产量预测和成熟期考察

**一、目的和要求**

1. 学习并掌握小麦产量预测的方法。

2. 学习并掌握小麦收获后室内考种的项目和方法。

**二、工具和设备**

皮尺、钢卷尺、铁锹（或土铲）、感量 0.01g 天平、游标卡尺等。

**三、内容和方法**

（一）产量预测

小麦产量预测是收获前在田间选取一定面积有代表性的样点，查明 3 个产量构成因素，以初步估算小麦单位面积产量的一种方法。产量预测是制定收获计划的基础，也是总结小麦生产经验不可缺少的依据。

小麦产量预测的时间宜在蜡熟中期后进行。如果测产任务大可提前开始，但应在籽粒灌浆达到能数出粒数时为宜。产量预测的一般方法和步骤如下。

1. 全面踏测

全面踏测全田小麦生长情况，以便综观全田，对样点作出大体布局。出现倒伏时，要正确目测或实际测量倒伏面积所占的比例，以使测产样点中倒伏点的比例符合实际。

2. 布点

布点数可根据全面踏测情况确定。可根据地力均匀程度、生长整齐情况、面积大小及人力多少灵活增减。小面积生长一致的麦田可采用对角线大五点法。大面积生长一致时可采用棋盘式布点法。生长不一致时要先按生长情况划分为几类，而后在不同类型麦田里分别取点测定产量。样点不要选边行、地头及过稀过密的地段。

3. 调查单位面积穗数和穗粒数

穗数和粒数调查的布点，除了按上述原则外，对于在生育期间进行了生育调查的地块和试验小区，可以采用定点和不定点结合进行。即除了在调查基本苗、总茎数的点上调查外，每块地应随机再取 3 个以上的点进行调查。

调查方法：按调查基本苗、总茎数的方法，先计数样点上的穗数，除以样点面积即为单位面积（$m^2$，并可计算为 $hm^2$）上的穗数（也可以除以基本苗得到单株穗数）。然后在样点中随机抓取 20 穗，计数各穗上的籽粒总数，除以 20 即为每穗粒数。全田的穗数和穗粒数可用下式计算。

$$每公顷穗数（万）=\frac{各样点穗数之和}{样点数 \times 样点面积（m^2）}$$

$$每穗粒数=\frac{各样点总粒数之和}{样点数 \times 每点取样穗数}$$

4. 千粒重的确定

确定千粒重有两种方法：

（1）如果在蜡熟末期测产，因为此时籽粒已达最大重量，所以可以在调查穗数和穗粒数的同时，每点随机取 5～10 穗，分别或混合装入纸袋，带回室内分别或混合脱粒、晒干、称重并计数总粒数，可以计算出千粒重。

（2）如果测产时间较早，或者急需知道测产结果，可以根据以前历年该品种千粒重，再根据当年灌浆期间条件和目测情况略加修正，求得近似千粒重。但在总结生产经验或科研结果时，则必须以实测千粒重为准。

5. 产量计算

取得每公顷穗数、每穗粒数和千粒重以后，即可计算出每公顷产量（表 15－9）。

$$产量=\frac{穗数（个/hm^2）\times 穗粒数（个）\times 千粒重（g）}{1000（粒）\times 1000（g/kg）}（kg/hm^2）$$

或　　$$产量=\frac{穗数（万个/hm^2）\times 10000 \times 穗粒数（个）\times 千粒重（g）}{1000（粒）\times 1000（g/kg）}（kg/hm^2）$$

**表 15 - 9**　　　　　　　　　　　小 麦 产 量 预 测 表

地点：　　　　　　品种：　　　　　　时间：　　年　月　日

| 序号 | 每公顷穗数（万） | 穗粒数（个） | 估测千粒重（g） | 预测产量（kg/hm²） | 备　注 |
|------|------|------|------|------|------|
| 1 | | | | | |
| 2 | | | | | |
| ⋮ | | | | | |
| 平均值 | | | | | |

（二）室内考种

小麦个体性状影响小麦的单株生产力，进而影响群体生产力。而植株各部分的性状亦因品种、种植环境和栽培技术的不同而有差异。因此，考察单株性状是科研和生产中评定品种、分析环境影响和栽培技术合理性的必不可少的步骤。

考察的项目，可以根据具体工作目的的要求而增减。如全部考察应包括下列内容。

1. 取样和分样

田间取样的原则，与本实习中产量预测时确定样点的原则相同。

在同一块地上多点取样 50～100 株带回室内。将全部植株按单株穗数多少分开，按不同穗数的苗占样本总株数的比例取 20～50 株，作为考苗样本。同时要使所取考种样本的平均单株穗数与田间调查的单株穗数大致相等。

2. 考种

将分好的样本逐株考察以下内容，并填入成熟期单株考察表（表 15 - 10）。

**表 15 - 10**　　　　　　　　　　　小麦成熟期单株考察表

户主（或地点）：　　　　　　品种（或处理）：　　　　　　年　月　日

| 株号 | 株高(cm) | 次生根数 | 主茎节间长度（cm） | | | | | 节间直径（mm） | | 单株穗数 | 穗号 | 穗长(cm) | 总小穗数 | 不孕小穗数 | 穗粒数 |
|------|------|------|------|------|------|------|------|------|------|------|------|------|------|------|------|
| | | | 倒1（穗颈节） | 倒2 | 倒3 | 倒4 | 倒5 | 基1 | 基2 | | | | | | |
| 1 | | | | | | | | | | | 1 | | | | |
| | | | | | | | | | | | 2 | | | | |
| | | | | | | | | | | | ⋮ | | | | |
| 2 | | | | | | | | | | | 1 | | | | |
| | | | | | | | | | | | 2 | | | | |
| | | | | | | | | | | | ⋮ | | | | |
| 3 | | | | | | | | | | | 1 | | | | |
| | | | | | | | | | | | 2 | | | | |
| | | | | | | | | | | | ⋮ | | | | |
| ⋮ | | | | | | | | | | | 1 | | | | |
| 平均 | | | | | | | | | | | | | | | |

注　表中项目可根据需要酌情增减。

（1）株号。按考察顺序的排号。

（2）次生根数。

（3）株高（cm）。从分蘖节到穗顶部的高度（不包括芒）。

（4）主茎节间长度（cm）。从穗颈节间向下逐个测量节间长度。

（5）基部节间直径（mm）。用游标卡尺测量。

（6）单株穗数。

（7）穗号（以下各项逐穗考察）。

（8）穗长（cm）。自最下部小穗（含退化的）至穗顶部（不包括芒）的长度。

（9）每穗总小穗数、不孕小穗数、结实小穗数。这 3 项的相互关系是：总小穗数＝结实小穗数＋不孕小穗数。因此，一般考察其中 2 项，另 1 项由其他 2 项的平均数相加（减）得到。

每小穗中只要有 1 粒种子，即为结实小穗。小穗中各小花均未结实为不孕小穗，不孕小穗多在穗的基部或顶部。

（10）每穗粒数。每个穗的籽粒总数。

（11）穗粒重（g）。将考种的麦穗混合脱粒，风干后称重，除以总穗数得到。有时用穗粒数乘以粒重得到。

（12）千粒重。从考种的样本风干籽粒中或大田收割后的风干籽粒中，随机数 2 组 500 粒并分别称重（精确到 0.01g）。2 份重量的差值除以 2 份重量的平均值的商不超过 5% 的，将 2 份重量相加即为千粒重。超过 3% 的再数第 3 份，将 2 份重量相近的相加即为千粒重。

（13）秆谷比。样本籽粒与其余部分（不带根）的重量比。

（14）经济系数。籽粒重量占样本植株总重（不带根）的百分数。

（15）理论产量。计算公式与田间测产的相同。其中每公顷穗数可以由田间调查取得，也可以由基本苗乘以单株有效穗数求得。

3. 干物质测定

如果需要，测定考种样本的叶片、叶鞘、茎秆、穗壳重、籽粒各部分的干物重。

（三）产量测算应注意的问题

以上田间计数的穗数与考种计算的穗数，田间计数的穗粒数与考种计算的穗粒数，考种计算的千粒重与从脱粒后籽粒中计数的千粒重，都会有一定差别。不同结果要互相印证，计算出理论产量。实际产量则应以实收为准。

（四）实习步骤

（1）先进行田间调查。全班可以一起按前述方法踏看，布点，确定样点行数和长度，而后每 2～3 人一组，每组调查 1 点，全班各点平均求得穗数和穗粒数。如田间有不同品种（或处理），则可以取 2～3 个品种（或处理），分别调查，以作比较。

（2）每组在田间取样 50 株左右，取回后按单株穗数分类。限于时间，每组只按比例取 20 株，列表考察前述各项。考察完毕后计算各项考察结果的平均数，而后与其相同品种（或处理）的其他 2～4 组的结果进行平均得到该品种（或处理）的考察结果。

（3）与其他品种（或处理）的组交换资料，并进行品种（或处理）间比较。

**四、作业**

1. 将每公顷穗数和穗粒数的田间调查结果填入表 15－9。

2. 将室内考察结果填入表 15 - 10。

3. 根据公顷穗数、穗粒数和千粒重计算预测产量。比较田间调查的每公顷穗数与基本苗乘以单株有效穗数得到的穗数有无差别？田间调查的穗粒数与考种得到的穗粒数有无差别？如有差别，分析其原因。

4. 根据测产和考种结果，结合以前实习不同生育时期的田间诊断和调查结果，对不同品种（或处理）进行比较分析，就这些品种或栽培措施提出生产上应用的建议。

# 第十六章　水稻的形态观察与田间管理

## 第一节　水稻的形态识别

### 一、目的要求
（1）掌握水稻的主要形态特征。
（2）掌握籼稻与粳稻、非糯稻（粘稻）与糯稻的区别。
（3）掌握稻与稗草幼苗的区别。

### 二、材料和用具
（一）材料
籼稻和粳稻、非糯稻和糯稻的种子、幼苗和完整植株；水稻、稗草的分蘖期幼苗。
（二）用具
瓷盆、二重皿、滴瓶、解剖器、手持放大镜、碘液（KI 0.1%）。

### 三、内容和方法
（一）水稻的形态特征
1. 根系

水稻（*Oryza Sativa* L.）的根属于须根系，由种子根（初生根）和不定根（次生根、节根）组成。种子根只有1条，当种子萌发时，由胚根直接发育而成。不定根是由胚芽鞘节、不完全叶节和基部几个完全叶节上发生的根。不定根还可以形成第一、第二次支根，呈稠密的根群。

根由表皮、皮层和中柱3部分构成（图16-1）。在幼根中，皮层由多层由内向外、由小至大、呈放射状排列的薄壁细胞组成。当根长成后，若干个放射状排列的细胞群之间

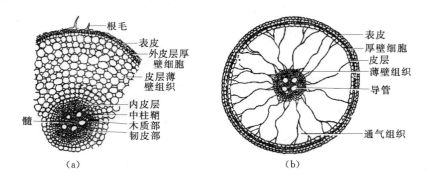

图16-1　水稻根系的横切面
（a）幼根；（b）老根

分解，形成裂生通气组织的空隙。这是沼泽植物特有的解剖构造。当稻田淹水时，裂生通气组织中的空隙，便成为由叶、茎输送空气到根部的迳路。

2. 茎

一般为圆形，中空。茎高及节数因品种和环境条件而不同，高杆品种的节数较多，主茎的总节数有 10～16 个，深水稻还有达 20 余个的。一般早熟品种节数少，晚熟品种节数较多，但伸长节间均为 4～5 个，其余节密集于茎的基部，称为分蘖节。茎的地下茎节发生不定根。

水稻的分蘖，从主茎上直接发生的叫第一次分蘖，从第一次分蘖上发生的叫第二次分蘖。水稻分蘖的发生规律与小麦的基本相同。

3. 叶

水稻的叶互生于茎的两侧。种子发芽时，芽鞘伸长，继后从芽鞘中伸出 1 片不完全叶，仅有叶鞘而无叶身。以后出现的为完全叶，包括叶片、叶鞘、叶枕、叶舌、叶耳。在计算叶片数目时，我国通常从第 1 片完全叶开始计算，日本则从不完全叶开始计算。

4. 花序

水稻的花序为圆锥花序，由主轴、一次枝梗、二次枝梗和小穗组成（图 16 - 2）。穗的中轴为主轴，主轴上有穗轴节，穗轴节上着生一次枝梗，一次枝梗上着生二次枝梗，由一次和二次枝梗生出小穗梗，末端着生小穗。分枝有轮生、对生或互生。

每个小穗有 3 朵小花，但只有上部 1 朵小花能结实，下部的 2 朵小花退化，仅各剩下 1 枚披针状的外稃，一般称为颖片。小穗基部的 2 个小突起是真正的退化颖片，但一般称为副护颖。由于水稻每个小穗只 1 朵小花结实，故水稻的小穗又称为颖花。在 2 个颖片之间有小花梗，上面着生正常花的内外稃，即成熟时的谷壳。外稃为船底形，先端称颖尖，如伸长则为芒，是由 3 条脉的末端并合而成。内外稃之间有雌蕊 1 枚，雄蕊 6 枚，花药 4 室。雌蕊子房 1 室，内含 1 个胚珠。柱头二分叉，各呈羽毛状。子房与外稃间有 2 个透明的小粒叫鳞被（图 16 - 3）。

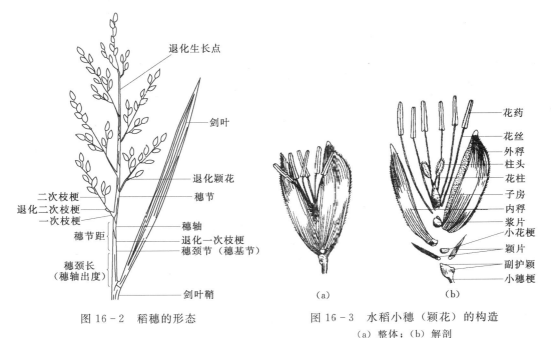

图 16 - 2　稻穗的形态

图 16 - 3　水稻小穗（颖花）的构造
（a）整体；（b）解剖

5. 种子

生产上用的水稻种子叫稻谷，是由果实（颖果）及谷壳（内、外稃）组成的。稻谷表面有毛或光滑，有芒或无芒。谷壳有黄、棕、红、紫等色，是水稻分类和品种识别中的重要性状。

去掉谷壳的果实叫糙米。形状扁圆，两侧各有纵沟 2 条，有胚的一面为腹面。成熟不好时，腹面可能形成腹白，米中心因温度等原因也可能形成心白。腹白和心白多的米质差，碾米时易破碎，出米率低。糙米的颜色有白、红、褐、黑、紫等，以白色最常见。

取水稻完整植株，按上面所述观察水稻植株的外部形态。

（二）籼稻与粳稻、非糯稻与糯稻的区别

1. 水稻的 5 级分类

水稻按对温度的反应可以分为 2 个亚种，按对光照的反应可以分为 2 个群，按对水分的反应可以分为 2 个型，按稻米的淀粉特性可以分为 2 个变种。加上栽培品种的划分，水稻可以按 5 级分类（表 16－1）。水稻的各亚种、群、型、变种之间互相包括，因此表现型极其丰富多彩。各亚种、群、型、变种及大量的栽培品种之间也均可杂交产生正常可育后代。

表 16－1　　　　　　　　　　　　　　水 稻 的 5 级 分 类

| 分类级别 | 亚种 | 群 | 型 | 变种 | 栽培品种 |
|---|---|---|---|---|---|
| 影响因素 | 温度 | 光照 | 水分 | 淀粉特性 | |
| 基本型 | 籼稻 | 晚稻 | 水稻 | 非糯稻 | |
| 变异型 | 粳稻 | 早、中稻 | 陆稻 | 糯稻 | |

2. 籼、粳稻的主要形态区别

籼稻和粳稻是由于栽培在不同温度条件下演变来的 2 种气候生态型。籼稻主要分布在华南热带和淮河、秦岭以南亚热带的平川地带，具有耐热、耐强光的习性；粳稻主要分布在南方的高寒山区、云贵高原及秦岭、淮河以北地区，具有耐寒、耐弱光的习性。它们的主要形态区别见表 16－2。取籼、粳稻种子各 10 粒，测量种子长、宽、厚的比（以宽度为 1）。再取植株按上表进行比较，区分籼、粳稻的不同。

表 16－2　　　　　　　　　　　　　　籼、粳稻的主要形态区别

| 项　　目 | 籼　稻 | 粳　稻 |
|---|---|---|
| 叶的形态、色泽 | 叶片较宽、色较浅 | 叶片较窄、色较深 |
| 顶叶开度 | 小 | 大 |
| 叶毛 | 一般多 | 一般少，甚至无 |
| 茎秆 | 较粗，茎壁较薄 | 较细，茎壁较厚 |
| 谷粒形态 | 细长而较扁平 | 宽厚而短，横切面近圆形 |
| 落粒性 | 易落粒 | 不易脱粒 |
| 米质 | 黏性小，胀性大 | 黏性大，胀性小 |
| 颖毛 | 毛稀而短，散生颖面 | 毛密而长，集生颖棱上 |

3. 非糯稻与糯稻的区别

糯稻是非糯稻淀粉粒性质发生变化而形成的变异型。籼稻中的糯稻称小糯或长粒糯，粳稻中的糯稻称大糯或团粒糯。非糯稻与糯稻的主要区别见表 16-3。

表 16-3　　　　　　　　　　　非糯稻与糯稻的区别

| 项　目 | 非糯稻 | 糯稻 |
|---|---|---|
| 胚乳成分 | 含 20%～30% 的直链淀粉，70%～80% 的支链淀粉 | 只含支链淀粉，不含直链淀粉或含量极少 |
| 饭的黏性 | 小 | 大 |
| 胚乳颜色 | 白色透明 | 不透明的蜡白色 |
| 对碘化钾液的反应 | 吸碘性大，深蓝色 | 吸碘性小，紫红色 |

取 10 粒糯稻和非糯稻籽粒，剥去稃壳，用刀片切断米粒，观察断面色泽。然后滴上碘—碘化钾液，观察颜色的变化。

（三）稗草苗与稻苗的区别

稗草为水稻生产中的大敌。由于稻、稗同属于禾本科，且形态相似，幼苗较难区别，增加了其防除的难度。水稻幼苗与稗草幼苗的区别见表 16-4。取稻、稗幼苗进行区分。

表 16-4　　　　　　　　　　　稗草和水稻幼苗的区别

| 项　目 | 稻 | 稗 |
|---|---|---|
| 叶耳、叶舌 | 有 | 无 |
| 中脉 | 不明显，色淡绿 | 宽而明显，色较白 |
| 叶形 | 短窄厚 | 长宽薄 |
| 叶色 | 黄绿 | 浓绿 |
| 茸毛 | 有 | 无 |
| 叶片着生角度 | 斜直，角度小 | 斜平，角度大 |

**四、作业**

1. 绘一水稻幼苗图，并注明各部位名称。

2. 对未标明的实验材料进行观察，鉴别籼、粳 2 个亚种。并列表说明观察结果。

3. 对未标明的实验材料进行观察，鉴别糯稻和非糯稻。列表说明观察结果。

# 第二节　水稻种子鉴定及稻米外观品质分析

**一、水稻种子鉴定**

水稻在我国栽培历史悠久，分布辽阔，经过长时期的自然选择和人工培育，形成了许多不同的类型和品种。据丁颖研究，我国的栽培稻可分为籼稻和粳稻两个"亚种"，每个亚种各分为早、中稻和晚稻两个"群"，每个群又分为水稻和陆稻两个"型"，每个型再分为粘稻和糯稻两个"变种"，以及一般栽培品种。籼稻和粳稻是在不同温度条件下演变来的气候生态型，其中籼稻为基本型，粳稻为变异型。早稻、中稻和晚稻是适应不同光照条件而产生的气候生态型，其中晚稻为基本型，早稻、中稻为变异型。水稻和陆稻是由于稻田土壤水分不同而分化的土地生态型，其中水稻为基本型，陆稻为变异型。粘稻和糯稻是淀粉分子结构不同形成的变异型，其中粘稻为基本型，糯稻为变异型。

水稻的种子为颖果，由颖壳（内颖和外颖）、种皮、胚和胚乳构成。

从水稻种子的形态鉴定，籼稻谷粒、米粒形状细长而较扁平，颖壳较薄，颖毛短而稀，粳稻一般谷粒、米粒宽厚而短，横切面近圆形，颖壳较厚，颖毛长而密。

粘稻米粒的胚乳透明，糯稻米粒的胚乳白色，不透明。

**二、稻米外观品质分析**

（一）稻米外观品质的测定

稻米外观品质包括胚乳的垩白（胚乳中不透明的白色部分，可分为腹白、心白和背白）、米粒长度等性状。稻米的垩白通常用垩白粒率和垩白大小来评价，米粒形状用整精米的长度与宽度比值表示。

1. 稻米垩白粒率

稻米垩白粒率是垩白粒数占试验整精米总粒数的百分数。测定方法是从平均样品随机取两份整精米各100粒，逐粒目测，拣出有白色不透明的垩白米粒，查出粒数，计算垩白粒率。

$$垩白粒率＝\frac{垩白米粒数}{试样整精米总粒数}×100\%$$

两份测定结果差异不超过5％，求其平均值。

2. 垩白大小

用整精米的垩白面积占该整精米粒面积的百分数表示。测定方法是从测定垩白粒率所拣出的垩白米粒中随机取10粒两份，逐粒放在平面方格纸上，目测其垩白面积占该整精米面积的百分数，求其平均值。

3. 米粒长宽比

随机取整精米10粒两份，在投影仪中或用卡尺测出米粒的长度（米粒两端最长距离）和宽度（米粒最宽处）分别求出平均数而后算出长宽比。再求出两份的平均值。

$$米粒长宽比＝\frac{整精米粒平均长度（mm）}{整精米粒平均宽度（mm）}$$

（二）优质米标准

稻米品质除外观品质外，还包括营养品质、加工品质、蒸煮品质、食味品质和卫生品质。其中稻米营养品质主要指蛋白质含量，国家1级、2级稻米都要求蛋白质含量在7％以上。我国北方粳稻优质米的国家标准为两级，见表16-5、表16-6。

**表16-5　　　　　食用粳稻品种品质**

| 类别 | 等级 | 1 | 2 | 3 | 4 | 5 |
|---|---|---|---|---|---|---|
| 粳稻 | 整精米率（％） | ≥72.0 | ≥69.0 | ≥66.0 | ≥63.0 | ≥60.0 |
| | 垩白度（％） | ≤1.0 | ≤3.0 | ≤5.0 | ≤10.0 | ≤15.0 |
| | 透明度（级） | 1 | ≤2 | ≤2 | ≤3 | ≤3 |

续表

| 类别 / 等级 | | 1 | 2 | 3 | 4 | 5 |
|---|---|---|---|---|---|---|
| 粳稻 | 直链淀粉（%） | 15～18 | 15～18 | 15～20 | 13～22 | 13～22 |
| | 质量指数 | ≥85 | ≥80 | ≥75 | ≥70 | ≥65 |
| 粳糯 | 整精米率（%） | ≥72.0 | ≥69.0 | ≥66.0 | ≥63.0 | ≥60.0 |
| | 阴糯米率（%） | ≤1 | ≤5 | ≤10 | ≤15 | ≤20 |
| | 白度（级） | 1 | ≤2 | ≤2 | ≤3 | ≤4 |
| | 直链淀粉（%） | ≤2.0 | ≤2.0 | ≤2.0 | ≤3.0 | ≤4.0 |
| | 质量指数 | ≥85 | ≥80 | ≥75 | ≥70 | ≥65 |

注　引自《食用稻品种品质》（NY/T—593—2002）。

表 16-6　　　　　　　　　　优质稻谷质量指标

| 类别 | 粳稻谷 | | | 粳糯稻谷 |
|---|---|---|---|---|
| 等级 | 1 | 2 | 3 | — |
| 糙米率（%） | ≥81 | ≥79 | ≥77 | ≥80 |
| 整精米率（%） | ≥66 | ≥64 | ≥62 | ≥60 |
| 垩白粒率（%） | ≤10 | ≤20 | ≤30 | — |
| 垩白度（%） | ≤1.0 | ≤3.0 | ≤5.0 | — |
| 直链淀粉（%） | 15～18 | 15～19 | 15～20 | ≤2 |
| 食味品质（分） | ≥9 | ≥8 | ≥7 | ≥7 |
| 胶稠度（mm） | ≥80 | ≥70 | ≥60 | ≥100 |
| 粒型（长宽比） | — | — | — | — |
| 不完善粒（%） | ≤2.0 | ≤3.0 | ≤5.0 | ≤5.0 |
| 异品种粒（%） | ≤1.0 | ≤2.0 | ≤3.0 | ≤3.0 |

注　引自《优质稻谷》（GB/T17891—1999）。

市场品质标准指市场商品品质，也是优质米生产和销售过程中不可忽视的，具体见表16-7。其中不完整粒、杂质总量、糠粉、矿物质、带壳、稻谷、碎米总量及小碎米量应该低于该表中规定标准，水分含量适宜，色泽、气味和口味应该正常。

表 16-7　　　　　　　　市场商品品质标准（GB—1354）

| 不完整粒（%） | 杂质总量（%） | 其中糠粉（%） | 矿物质（%） | 带壳（粒/kg） | 稻谷（粒/kg） | 碎米总量（%） | 其中小碎米（%） | 水分（%） | 色泽气味口味 |
|---|---|---|---|---|---|---|---|---|---|
| ＜3.0 | 0.2 | 0.15 | 0.05 | 10 | 4 | ＜0.15 | ＜0.15 | 15.0 | 正常 |

### 三、作业

（1）观察辽粳294、沈农8801、广陆矮4号、沈农315、沈农香糯1号等品种或品系的稻谷及米粒，从形态判断其品种类型及米质情况。

（2）看《水稻模式化栽培》等录像。

# 第三节 水 稻 育 苗

## 一、育苗的基本要求

壮秧是高产的基础,我国历来就有"秧好半年稻"之说。因此,培育秧龄适宜、整齐健壮、无病害的水稻秧苗,是育苗的基本要求。

水稻秧苗可分为小苗、中苗、大苗,小苗一般系指 3 叶期内移栽的秧苗,中苗一般系指 3.0~4.5 叶内移栽的秧苗,大苗一般指 4.5~6.5 叶移栽的秧苗。对于不同类型的秧苗,尽管壮秧的标准不尽相同,但在形态和生理上具有共同的特征。壮秧的形态特征是茎基宽扁,叶色绿中带黄,根多色白,植株矮健,秧龄适宜,4 片叶以上的壮秧应长出分蘖。具体标准见表 16-8。

表 16-8                                              壮 秧 标 准

| 移栽叶龄 | 3.5 | 4.0 | 5.0 |
|---|---|---|---|
| 移栽秧龄 (d) | 32~34 | 35~38 | 40~45 |
| 秧苗株高 (cm) | 11~13 | 13~15 | 16~20 |
| 茎基宽度 (cm) | 0.32~0.35 | 0.40 | 0.50~0.60 |
| 根数 | 10~13 | 13~16 | 16~23 |
| 百株地上部干重 (g) | 3~4 | 4~5 | 5~6 |
| 充实度 (mg/cm) | >3.0 | >3.5 | >4.0 |

## 二、水稻育苗操作规程

中华人民共和国成立以来,辽宁、吉林等省围绕着培育壮秧进行了一系列改革。在水分管理方面,由过去的水育苗经过湿润育苗,发展到目前的旱育苗;在保温方面,由过去的没有保温条件发展到目前的塑料薄膜覆盖;由不施肥的"板育"到施用营养土,并开始使用床土调制剂;育苗地点也逐步由本田向旱田,最终向园田转移;秧田播种量有所降低;开始利用软盘进行规范化育苗。塑料薄膜的使用,水稻生长的地上生态条件得到改善,并使育苗时间提早了半个多月,增加了水稻的生长期。营养土的使用和床土含水量的适当降低,使水稻生长的地下生态条件得到改善。因此,秧苗素质发生了明显的变化。

(一)软盘规范化旱育苗

软盘育苗的基本环节包括精细整地、做床、精选种子、做好种子处理、施足营养土、浇足底水、稀播匀播、药剂灭草、覆膜保温等。

1. 确定播种期

由于各地气候条件的差异,播种期有所不同。在辽宁,普通旱育苗的播种期一般在 3 月末至 4 月初,选择冷尾暖头的好天气播种,盘育苗则比其晚 7~10d,即 4 月 10 日前后。

2. 整地做床

早春或入冬前,选择背风向阳、土壤肥沃的园田地或固定的旱田地,精细整地,做床,床长一般 10~15m,床宽一般 1.7~1.8m,施足优质的底肥,并把底肥均匀地掺和在表层 10cm 的土层中。

3. 配制营养土

施用营养土是培育壮苗的基础，可以明显提高秧苗素质。应用不同质量的营养土育苗，秧苗素质差异较大。使用床土调制剂或经过调酸处理的营养土育苗效果较好。用充分腐熟的农家肥，倒细，过筛，与园田土或其他客土按 1∶2～1∶3 的比例配制营养土。每盘苗一般用营养土 4kg，加床土调制剂 100g，或加硫酸铵 5g，过磷酸钙 10g（或磷酸二铵 5g），硫酸钾 1～2g，并加浓硫酸 15ml 调酸。化肥必须先砸碎，筛细，肥、土充分掺和均匀，否则影响全苗。

4. 做好种子处理

早春选择好天气晒种，播前 10d 左右用比重 1.10～1.13 的食盐水选种，选后用清水淘净，然后用恶苗灵 300～400 倍液浸种，浸好后催芽，至破胸后晾芽。

5. 使用软盘

盘育苗是日本水稻机械化栽培技术中的一个关键环节。我国自 1979 年引进以来，经过同传统的育秧技术互相渗透、融合，促进了我国育秧技术的推陈出新。至 1991 年，软盘育苗已遍及全省，成为辽宁省水稻育苗的主要方式之一，并扩展到北京、天津、河北、内蒙古等地。

育苗前装好盘。先摆好框架，放正软盘，并排放 5 盘，然后倒入营养土，沉好四边，用刮板把土面刮平，堵好床边，再移动框架。

6. 浇足底水

改过去的灌水为浇水，既有利于培育壮秧，又省水，便于田间作业。播前根据土壤墒情浇足底水。浇 1500 倍的敌克松溶液有利于防治立枯病。播后如果床土墒情不足，也可适当补水。

7. 播种

稀播秧苗健壮，是培育壮苗的关键。应根据秧龄确定播种量。盘育机插的 3.0～3.5 叶秧苗每盘 100g，盘育手插的 3.5～4.0 叶秧苗每盘 70～80g。播匀，再用笤帚将种子拍入土中。也可用滚筒压入土中，但要先压后浇水。然后用营养土盖种。

8. 药剂灭草

复土后每 10m² 用丁草胺 3g，兑水 1kg 喷雾封闭。

9. 覆膜保温

先在床面盖一层地膜，有利于床土的增温保墒，一般出苗快而整齐。然后，插架条，拉内绳固定龙骨架，盖塑料薄膜。采用开闭式覆膜形式较好，利于通风炼苗。即采用两块农膜覆盖，一般是一块整幅（宽 1.50m），一块半幅（宽 0.75m），两幅农膜重合 20～30cm，作为以后通风降温的开闭口，重合处在苗床的侧上方，窄幅放在背风侧，重合处在下，宽幅放在迎风侧，重合处在上，防止风将农膜从重合处刮开。最后，拉外绳固定薄膜，外绳与架条平行。

概括起来，软盘育苗的技术操作程序见图 16－4。学生按组参加软盘育苗。

（二）常规的营养土保温旱育苗

常规营养土保温旱育苗播种期较早，省去铺软盘这一环节，把营养土在作床时均匀掺

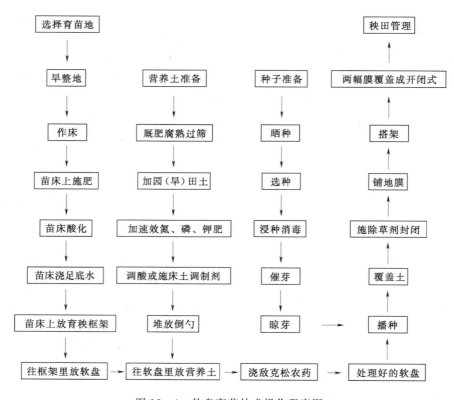

图 16-4 软盘育苗技术操作程序图

合到表层 10cm 土壤中。播种量 4.0～4.7 叶秧苗每平方米 200～300g，4.7～5.5 叶秧苗每平方米 150～200g，5.5～6.5 叶秧苗每平方米 100～150g，其他技术环节与软盘育苗基本相同。

### 三、苗期管理

采用先进的育苗方式，提高作业标准，为培育壮秧奠定了基础。而搞好苗期管理，特别是温度管理，是培育壮秧的保证。

（一）温度管理

出苗前的管理主要是保温，注意防止大风吹开薄膜。出苗后，及时撤走地膜，浇水冲洗秧苗。然而在晴朗的白天，苗床内温度上升快，中午前后封闭的苗床内气温可达 40℃ 左右。因此，2 片叶左右开始看温炼苗，9：00 前后打开通风口，17：00 前后关闭通风口，通风口逐步由小到大，把温度控制在 25～30℃，后期 20℃ 左右，防止高温徒长而引起青枯病或立枯病。

（二）肥水管理

一叶一心期，适量施用速效氮肥硫酸铵，每 15m² 施 0.5kg，先配成母液，再稀释至 100～150 倍液喷浇，可在秧苗离乳期发挥作用。之后马上浇 1000～1500 倍敌克松溶液，冲洗秧苗，防治立枯病，并根据床土墒情适当补水。如果床面有杂草，晾床半小时左右，每 10m² 用敌稗 12～15g，兑水 0.5kg 喷雾。三道工序一次完成，可提高作业效率。插秧前 5～7d 追送嫁肥。

水稻苗期床内温度较高，特别是通风炼苗以后，床面蒸发和秧苗蒸腾耗水量较大。因此，床土的田间持水量达到 75％时应及时浇水。

# 第四节　水稻秧苗素质调查

## 一、水稻生育阶段的划分

水稻生育阶段的划分一般都从发育的角度考虑，把水稻的一生划分为营养生长期和生殖生长期，并常把分蘖的终止作为营养生长结束的标志，幼穗开始分化则作为生殖生长的开始。营养生长期又可以分蘖的开始为界，分为幼苗期和分蘖期；生殖生长期可以出穗为界，分为长穗期和结实期。在育苗移栽的情况下，幼苗期是在秧田中度过的，幼苗在秧田中也会长出分蘖，但由于数量较少，加之以管理的角度考虑，所以，分蘖期一般从返青后开始。习惯上把秧田期看成幼苗期；插秧后称为本田期，包括分蘖期、长穗期和结实期。

## 二、幼苗期的生长发育

幼苗期可分为萌发和秧苗成长两个阶段。

（一）种子的萌发

水稻的一生，是从种子萌发开始的。胚是幼小的生命，是稻种萌发的内在依据，由它萌发而成为秧苗。当水稻种子吸水膨胀，胚根突破颖壳露出白点时，叫做"露白"或"破胸"；当胚根伸出长达种子长度，或胚芽伸出长达种子长度一半时，便称为"发芽"。

（二）秧苗的成长

水稻种子出苗时，最初是包被在幼芽外面的胚芽鞘伸出地面。胚芽鞘呈筒状，不具叶片，也没有叶绿素。接着，从中伸出不完全叶，这片叶有叶绿素，但叶片很小，肉眼看不见。当不完全叶伸长达 1cm 左右，秧田呈现一片绿色，称为"出苗"，或叫"放青"、"现青"。出苗后 2~3d，从不完全叶内抽出第一片完全叶，具有叶鞘和叶片。秧苗的叶龄一般是按完全叶的数目计算。再过 2~3d，第二片完全叶伸出，但其叶片未完全展开时，称"一叶一心"。到第三片完全叶完全展开时称"三叶期"，这时种子胚乳中的养分已经耗尽，幼苗进入独立生活，故称"离乳期"。

稻种发芽时，最先由胚根向下延伸长成种子根。接着在胚轴的芽鞘节上开始发根。芽鞘节根一般有 5 条，像鸡爪一样抓住土壤，秧苗生长初期立苗主要靠这种根。从三叶期开始，随着叶片的伸出，依次从不完全叶节及完全叶节上长出根来，统称为"节根"。这种根的数目因栽培条件不同而有很大变化，又称"不定根"。不定根较粗壮，有通气组织。

## 三、秧田期调查项目及标准

（一）稻田物候期和生育情况

1. 播种期

播种的日期，以"月/日"表示。

2. 出苗期

第一片真叶突破芽鞘，秧苗高度达到 1cm；50％达到上述标准为出苗期，80％达到时为齐苗期。

3. 三叶期

有 50％ 的秧苗第三片真叶（不包括不完全叶）展开的日期。

4. 出苗率

单位面积上出土的秧苗数占播种种子粒数的百分比。

$$出苗率 = \frac{单位面积出土的秧苗数（株/dm^2）}{单位面积播种种子粒数（粒/dm^2）} \times 100\%$$

另外，调查立枯病、恶苗病等苗期病害发生情况。

（二）秧苗素质调查标准

插秧前，选择有代表性的秧田，横过床面取样 50～100 株，测定表 16-9 中的各项目。

**表 16-9　　　　　秧 苗 素 质 调 查 表　　　　　品种：**

| 株号 | 株高（cm） | 叶龄 | 绿叶数 | 茎基宽（cm） | 根数 | 分蘖数 | 百株干重（地上，g） | 充实度（mg/cm） |
|------|-----------|------|--------|-------------|------|--------|---------------------|-----------------|
| 1 | | | | | | | | |
| 2 | | | | | | | | |
| 3 | | | | | | | | |
| 4 | | | | | | | | |
| 5 | | | | | | | | |
| 平均 | | | | | | | | |

1. 叶片数、绿叶片数

叶片数不包括不完全叶，也称叶龄；绿叶片数指完全展开的绿色功能叶片数，数后求其单株平均值。

2. 株高

从苗基部至最高叶片顶端的高度，计算其平均值。

3. 茎基宽

测量距秧苗基部 1cm 处的自然宽度（扁平面），计算其平均值。

4. 发根数

数计每株总发根数，求其平均单株平均值。

5. 百株地上部鲜重和干重

根系除外的 100 株秧苗地上部分鲜重为百株地上部鲜重，在 105℃ 烘箱内烘至恒重的重量为百株地上部干重，如为自然风干，应注明为风干重，以"g"表示。

6. 充实度

单株地上部干重与株高的比值，即秧苗单位高度的重量，或称重高比，以"mg/cm"表示。

7. 单株分蘖数

调查各株秧苗的分蘖数，并求其平均值。

**四、作业**

插秧前调查秧苗素质，由于班、组较多，相对减少调查秧苗的株数，每个小组调查

10 株，结果填入表 16－9。

# 第五节　水　稻　插　秧

随着育秧技术的改革，即推广营养土保温旱育苗，并降低秧田播种量，由以前的每平方米 400g 降到 200g 左右，秧苗素质显著提高．在这种情况下，采用 30×10cm 的株行距插秧，穗数往往较多，不仅使每穗颖花数及每穗成粒数明显减少，倒伏和病虫害有所加重，而且种稻成本增加，产量和经济效益都不理想。因此，近年来在旱育苗的前提下，以稀播稀插、肥水平稳促进为特点的水稻高产高效益综合栽培技术在辽宁各地迅速普及，插秧行穴距又逐渐改为 30×（10～17）cm。每穴用秧量又用 3～5 株，每公顷用秧量下降到 75 万～150 万株。在辽宁省盘锦市清水农场、沈阳市苏家屯区，还有行距 30～36.7cm、穴距 20～26.7cm 的"超稀植"。这种栽培密度的改革是稻作技术的一大飞跃，不仅水稻单产提高 10％左右，而且降低了生产成本，取得了增产增收的双重效果。以稀播稀插为核心的稻作栽培技术已成为高效农业的组成部分。

**一、插秧期**

要保证本田有足够的营养生长期，利用分蘖取得高产，又要降低本田生产成本，关键就在于适期插秧，缩短插秧期。辽宁省水稻插秧的适宜时间是 5 月中、下旬，一般不插 6 月秧。插秧时，一般先插晚熟品种，然后插中晚熟品种和中熟品种，最后插早熟品种。软盘育苗密度大，一般插秧早一些；常规旱育苗播种量小一些。同一种方法育的苗，播种量大的秧苗先插，然后插密度小的秧苗。

**二、插秧规格**

辽宁及北方其他稻区基本采用长方形的形式插秧。具体规格及密度换算见表 16－10。

表 16－10　　　　　　　　　　移栽密度换算表

| 移栽规格（cm） | 每平方米穴数 | 每公顷穴数（万） | 每穴苗数（株） | 每公顷苗数（万株） |
|---|---|---|---|---|
| 30×10 | 33.3 | 33.3 | 3 | 100 |
| 30×13.3 | 25.0 | 25.0 | 3 | 75 |
| 30×16.7 | 20.0 | 20.0 | 3 | 60 |
| 30×20 | 16.6 | 16.6 | 3 | 50 |
| 30×23.3 | 14.3 | 14.3 | 3 | 43 |
| 30×26.7 | 12.5 | 12.5 | 3 | 37.5 |
| 33.3×13.3 | 22.5 | 22.5 | 3 | 67.5 |
| （40＋20）×16.7 | 20.0 | 20.0 | 3 | 60 |
| （40＋20）×20 | 16.6 | 16.6 | 3 | 50 |

**三、插秧方法**

（一）人工收插秧

左手拿秧苗片、分秧，每次 3 株左右（按每穴用秧量分），右手取秧，然后用食指和中指把分下的秧苗按计划插秧规格插到插秧绳的记号处。秧苗所带的泥块上部与本田田面相平或略低。

（二）机械插秧

机械插秧进度快、效率高，有利缩短插期，争得农时，还能减轻劳力强度，经济效益较高近年来在沈阳、营口等地发展较快。目前应用的插秧机主要是吉林省延边插秧机厂生产的 2ZT 系列插秧机，性能优良，适应性强（图 16-5）。人力插秧机近年来也有所应用，并很受个体农户欢迎（图 16-6）。

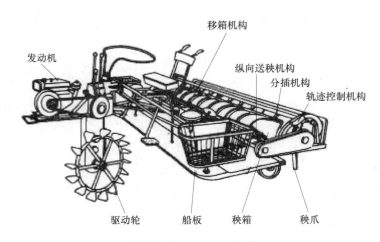

图 16-5　插秧机外观图

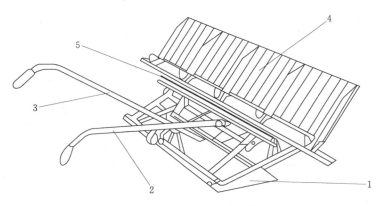

图 16-6　2ZTR-94 型人力插秧机

1—拖板；2—拉杆；3—插秧杆；4—载秧板；5—插秧机构

## 四、插秧质量

壮秧带土移栽，特别是盘育苗带土全根下地，有利于秧苗早返青。插适龄的秧苗，浅插不漏穴，不漂秧，植伤少，插植均匀，提高插秧质量，是使秧苗早返青、早分蘖，并使群体均衡发展的关键措施之一。

## 五、作业

在掌握插秧规格和技术的基础上，分组参加插秧实践。

# 第六节　插秧稻田管理及调查

## 一、本田期管理

本田期的管理包括插前整地、施肥、灌溉及排水、除草、防治病虫害等。按水稻模式化栽培，可分为：翻耕与旋耕结合整地及水整地；配方施肥；浅湿干相结合节水灌溉；化学除草；综合防治病虫害；看苗诊断，系统控制等。由于在《水稻栽培》中介绍，这里不再重复。各管理环节欢迎学生参加。

## 二、本田期的生长发育

### （一）叶的生长

水稻的叶互生在茎节上，主茎出叶多少，是品种的特性。例如，辽宁地区的早熟品种12～13片叶，中熟品种14～15片叶，晚熟品种16片叶以上。每一稻叶主要由叶片、叶鞘组成。叶片和叶鞘分界处称为叶枕，在叶枕内侧有一个膜片叫叶舌，两侧各有一个钩状小片叫叶耳。上下两叶伸出日数的差距，称为"出叶间隔"。分蘖前长出的1～3叶，生长所需养分由胚乳供应，每3～5d长出一片叶；到分蘖期，养分靠自身制造，但这时生长中心是分蘖和叶，所以5～6d长出一片叶；到拔节以后，养分主要用于长茎秆和幼穗，需要7～9d才能长出一片叶。所以按出叶间隔有两个转折点，称为"出叶转换点"。出叶转换点是稻株生育阶段转换的标志，第一个转换点标志幼苗已至离乳期，第二个转换点则是进入或即将进入生殖生长的征兆。稻株不同叶位上的叶片长度和宽度也有一定的变化规律。辽宁粳稻叶片长度一般是自下而上逐步增长，至倒3叶或倒2叶达到最长，以后又渐短；叶片宽度是自下而上逐步加宽。

### （二）分蘖的生长

水稻插秧后由于植伤，叶色较黄，待新根长出才逐渐恢复生长，称为"返青"。返青后才开始分蘖。分蘖发生早，并且分蘖较大，是植株生长健壮的标志。

水稻主茎基部有若干密集的茎节，叫分蘖节。每个节上长一片叶，叶腋里有一个分蘖芽，可长成分蘖。着生分蘖的叶位，称为蘖位。凡从主茎上直接长出的分蘖，称为第一次分蘖，由第一次分蘖上还可长出第二次分蘖。三叶期的秧苗一般不长分蘖。当主茎长出第四叶（4/0）时，开始长出第一个一次分蘖的第一叶（1/1），以后主茎每长出一叶，便增加一个分蘖，分蘖上也同时增加一叶。一次分蘖在主茎节上自下而上依次发生。分蘖上一般也是在长出第四叶（4/1）时开始长出第一个二次分蘖的第一叶（1/1-1）。一般分蘖的出现总是和母茎相差三片叶子。这样，随着主茎叶龄的增长，有规则地依次长出各次、各个分蘖和叶片来。这种现象称为"叶、蘖同伸规律"。

在环境条件优越的情况下，随着主茎叶龄的增长，每一节位上的同伸分蘖数正常发生水稻分蘖基本服从下述模型：

$$T_N = T_{N-1} + T_{N-3} + T_{N0} \quad (N \geqslant 4)$$

式中 　$T_N$——某一个节位上的同伸分蘖数；

$T_{N-1}$——相邻下一节位上的同伸分蘖数；

$T_{N-3}$——其往下数第三个节位上的同伸分蘖数；

$T_{N0}$——同时期不完全叶节位上发生的分蘖或其下一级分蘖。

实质上 $N-1$ 节位上能够发生分蘖的茎，长到 $N$ 节后，如果有分蘖能力，仍然要发生一个新分蘖；而 $N-3$ 节位上发生的分蘖茎，长到 $N$ 节时，其第 4 叶开始伸出，也要长出下一级的新分蘖；$N_0$ 节在条件极其优越时，虽然也能长出分蘖，但受环境条件和自身调节的影响很大，即使在单株稀植栽培的条件下，发生的数量也很少，因此对生产意义不大。

在大田里，分蘖的发生，经历由慢到快，再由快到慢的过程。当全田有 10％的稻苗新生分蘖露尖时，称为分蘖始期。分蘖增加最快的时期，称为分蘖盛期。到全田总茎数和最后穗数相同的日期，称为有效分蘖终止期。在此以前为有效分蘖期；以后为无效分蘖期。当全田分蘖达到最多的日期，称为最高分蘖期。过此以后分蘖消亡而又下降，所以最高分蘖期也就是分蘖终止期。正确地掌握这些时期，是栽培管理和看苗诊断的重要依据。

（三）茎的成长

水稻早在发芽后，即在胚轴上长出主茎，并形成茎节，但节间很短，不伸长，即所谓的分蘖节。拔节后地上部分的几个节间伸长，才成为明显可见的茎秆。这些伸长的节称为伸长节。当茎秆基部第一个伸长节达到 1.5～2.0cm，茎秆外形由扁变圆，便叫做"拔节"，亦称"圆秆"。全田有 50％植株进入拔节时，称为拔节期。水稻节间的伸长，是自下而上逐个顺序进行的。主茎的总节数与该主茎上的叶片数相同，伸长节一般早熟品种 3～4 个，中熟品种 5～6 个，晚熟品种 6～7 个。

（四）根的生长

分蘖期是水稻根生长的主要时期。水稻分蘖期长出的根，都是从茎节上长出的不定根，基本按水平方向发展；长穗期长出的根，向下深扎。一般发根与出叶相差三个节位。各节的发根数，因栽培条件而有很大变化。其一般规律是，随着发根节位的上升，发根数及粗壮度都明显增加。分蘖上亦按同样规律发根，形成自己独立的根系。

（五）幼穗的分化发育

水稻的穗属圆锥花序，有一主梗叫穗轴，轴上有节，叫穗节；最下一个节，叫穗颈节。穗节上长分枝，称一次枝梗；分枝上一般又长二次枝梗。由一次及二次枝梗上长小穗梗，末端着生小穗，小穗或称颖花。

水稻幼穗由第一苞分化至始穗天数为 30～34d。幼穗分化可分为若干时期，丁颖等把其划分为八个时期：第一苞分化期、第一次枝梗原基分化期、第二次枝梗原基及小穗原基分化期、雌雄蕊形成期、花粉母细胞形成期、花粉母细胞减数分裂期、花粉内容充实期、花粉粒完成期。其中前四个时期合称幼穗形成期，幼穗的外形在这一阶段完成；后四个时期是各器官的发育和长大，一般称孕穗期。

生产上常常利用叶龄指数法、叶龄余数法鉴定幼穗分化的程度。观察时的叶龄对主茎总叶数的百分比，叫叶龄指数。一般当叶龄指数达 78 左右，为第一苞分化期；85 时为二次枝梗分化期；97 左右时为减数分裂期。主茎上还没有伸出的叶片数，叫叶龄余数。据丁颖等在广州观察，叶龄余数为 3.0 时，为第一苞分化期，0.4～0.3 时为花粉母细胞形成期。早熟种偏前些，晚熟种偏后些，见图 16-7。

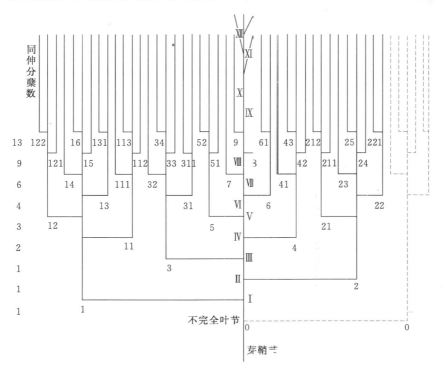

注　1. 同一水平高度的分蘖为同伸分蘖。

　　2. 主茎两侧的罗马字表示位。

　　3. 分蘖下角的阿拉伯字为该分蘖的名称，位数表示分蘖次数，序数表示该分蘖在母茎上的次序。如"211"，既为一个三次分蘖，位在第二个一次分蘖上的第一个二次分蘖上之第 1 位上。

　　4. 同伸分蘖数不包括不完全叶节上长出的分蘖。

图 16-7　水稻分蘖模式图

（六）开花结实

1. 开花授精

水稻的小穗由护颖、内颖、外颖、一枚雌蕊、六枚雄蕊等组成。幼穗自剑叶的叶鞘中伸出，叫做抽穗。抽穗的当天或第二天水稻就开始开花授精。

2. 灌浆结实

水稻受精后，养分自茎、叶向子粒输送，称为灌浆。水稻的米粒是由子房发育而成。水稻的成熟过程，一般分乳熟、蜡熟、完熟几个时期。

三、本田一般调查项目

任何田间管理和农事操作都在不同程度地改变水稻生长发育的环境条件，因而也会引起水稻生长发育的变化。因此，详细记载整个试验过程中的农事操作，如整地、施肥、种子处理、播种、插秧、打药等的日期、种类及数量、方法等，并记载水稻生长发育的表现等，有助于正确分析试验结果。

（一）田间农事操作记载和物候期调查

1. 插秧期

移栽日期，并注明秧龄天数。

2. 返青期

秧苗移栽后，有50%植株的心叶重新展开的日期。

3. 分蘖期

有10%植株的新生分蘖叶尖露出叶鞘时为分蘖始期；每隔5d左右一次，调查分蘖数，达到与最终穗数相同的日期为有效分蘖终止期，在此以前为有效分蘖期，以后为无效分蘖期，分蘖数达到最多时为最高分蘖期，最高分蘖期也是分蘖终止期。

4. 拔节期

50%植株主茎基部伸长1cm，茎秆由扁变圆。

5. 孕穗期

50%植株的剑叶全部露出叶鞘，叶鞘呈锭子形的日期。

6. 抽穗期

稻穗顶端小穗露出剑叶叶鞘为抽穗，10%抽穗为始穗期，50%为抽穗期，80%的稻穗抽出剑叶叶鞘为齐穗期。

7. 成熟期

50%以上的穗中部谷粒的内容物为乳浆状时为乳熟期；50%以上穗中部谷粒呈浓粘时称为蜡熟期；90%的谷粒变黄、穗基部籽粒变硬，或呈现出原品种固有色泽的日期为完熟期。

（二）有关性状调查

1. 株高

生育期间调查是测量自土表至最高叶尖，齐穗后从茎基部量至穗顶（不算芒）的长度，取平均数，以"cm"表示。

2. 叶龄

主茎展开的叶片数即为调查时的叶龄。插秧时记载秧苗叶龄，本田定点调查每片叶长出的时间（新生叶片露出叶鞘而正常展开时为准）。未展开的心叶，则以其抽出长度达到其下一叶叶身全长的大体比例来衡量，以小数点后一位数表示。

3. 芒

稻穗上的各小穗基本无芒者为无芒；各枝梗顶端小穗有芒者为顶芒；各部位的小穗都有芒者，芒长30mm以下为短芒，31~60mm者为中芒，61mm以上者为长芒。

4. 穗型

成熟时稻穗基本直立者为直立穗，弯曲下去者为弯曲穗型，介于两者之间的为半弯穗型。

5. 颖尖颜色

分白色、秆黄色、褐色或茶褐色、红色、紫色等。

6. 茎集散程度

按每穴水稻植株茎秆空间分布角度大小分为紧凑型、中间型、松散型。

根据研究需要，可增加其他调查项目，如叶片长度、宽度及角度等。

四、作业

调查水稻代表品种的生育期、植株形态特征、产量构成因素等，结果填入表 16-11。

表 16-11　　　　　　　　《作物田间试验与实习》课程（水稻部分）

| 品　种　名　称 | | | | 备　　注 |
|---|---|---|---|---|
| | 品种类型 | | | |
| 生育时期 | 浸种（月-日） | | | |
| | 播种（月-日） | | | |
| | 出苗（月-日） | | | |
| | 一叶一心（月-日） | | | |
| | 三叶期（月-日） | | | |
| | 插秧期（月-日） | | | |
| | 返青期（月-日） | | | |
| | 分蘖始期（月-日） | | | |
| | 分蘖盛期（月-日） | | | |
| | 拔节期（月-日） | | | |
| | 孕穗期（月-日） | | | |
| | 抽穗期（月-日） | | | |
| | 灌浆期（月-日） | | | |
| | 成熟期（月-日） | | | |
| | 收获期（月-日） | | | |
| | 株高（cm） | | | |
| | 主茎叶片数 | | | |
| | 最高分蘖数 | | | |
| | 穗数 | | | |
| | 成穗率（%） | | | |
| | 穗长（cm） | | | |
| | 每穗颖花数 | | | |
| | 每穗成粒数 | | | |
| | 成粒率（%） | | | |
| | 千粒重（g） | | | |
| | 芒有无 | 无芒　有芒　短芒 | 无芒　有芒　短芒 | |
| | 穗型 | 弯穗　直粒穗　口间型 | 弯穗　直粒穗　中间型 | |
| | 颖尖颜色 | | | |
| | 茎集散程度 | 松散型　紧凑型　中间型 | 松散型　紧凑型　中间型 | |

# 第七节　田间测产及室内考种

## 一、目的和要求

通过实习，掌握水稻田间产量预测方法，了解水稻成熟期间室内考种及其生产效能的分析方法。

## 二、工具和设备

木折尺、磁盘、感量 0.1g 天平、手摇磨、台秤、计算器、解剖器、小土铲等。

## 三、内容和方法

（一）水稻产量预测

水稻产量是由单位面积穗数、每穗颖花数、结实率和千粒重等 4 个产量构成因素所决定的。这 4 个因素相互制约，相互补偿，不同产量水平下互有取舍。只有因地制宜地调整各个因素之间的关系，才能获得高产。每穗颖花数与结实率的乘积就是每穗粒数，水稻产量预测就是通过测定单位面积穗数、每穗粒数和千粒重来预测产量的方法。其测定过程如下。

1. 选择代表田块和代表点

测产前要对大面积水稻生育情况进行全面了解，按照各类稻田面积的比例，分别选择一定数量具有代表性的田块，作为测产对象。然后再在各田块内根据生育情况选取代表点，进行取样调查。一般在代表田块内用对角线取样法或随机取样法选点，点的数目可根据田块大小和生长情况来决定，一般取 3～5 点。

2. 每公顷有效穗数的测定

先测出每公顷穴数。在每个取样点内横竖各量 21 穴或 11 穴间的距离，分别用 20 或 10 除之，求出平均行距和株距，用以下公式算出每公顷穴数。

$$每公顷穴数 = \frac{10000m^2}{行距（m）\times 株距（m）}$$

同时在每个取样点内，横竖各取相连 10 穴（缺穴不算），数 10 穴的总有效穗数，求出每穴平均有效穗数，再计算出每公顷有效穗数。

$$每公顷有效穗数 = 每公顷穴数 \times 每穴平均有效穗数$$

3. 每穗结实粒数的测定

在取样点内取两穴稻株，数全部穗上的结实粒数（空壳粒、秕粒不算），以两穴总穗数除之，即为每穗结实粒数。两穴稻株的确定，是根据 20 穴或 10 穴的每穴平均有效穗数近似值，如 20 穴平均为 9.6 穗，则取每穴 9 穗和 10 穗的两穴，作为计数的样本。

4. 千粒重的测定

成熟前的稻谷水分较多，测出的千粒重不能代表实际情况，可按照品种的常用千粒重计算。

5. 产量的确定

测出每公顷有效穗数、每穗结实粒数及千粒重以后，可以按下列公式计算出每公顷产量。

$$每公顷产量=\frac{每公顷有效穗数\times每穗结实粒数\times千粒重（g）}{1000（g/kg）\times1000（粒）}（kg）$$

预测产量为理论产量，其准确性与取样点的代表性有关。一般理论产量高于实际收获量，这与收获过程中的精细程度也有关系。

（二）室内考种和生产效能分析

分析单株的个体生产效能，通常根据下列性状进行。

1. 植株高度

由分蘖节量至最高茎穗的顶端（芒不计算在内），以 cm 表示。

2. 穗长

由穗颈节量至穗顶（不连芒），指单株上所有穗的平均长度，以 cm 表示。

3. 秆长

由分蘖节量至最高茎穗的颈节处，以 cm 表示。

4. 单株分蘖数

包括有效和无效分蘖。

5. 单株有效分蘖数

即指抽穗结实的分蘖数。（有效穗数指除每穗结实不到 5 粒的外，凡抽穗结实的均为有效穗。）

6. 单株总颖花数

全株结实颖花和不结实颖花的总和。

7. 单株籽粒数

即全株结实的颖花数。

8. 单株结实率

$$单株结实率=\frac{全株总颖花数-不实颖花数}{全株总颖花数}\times100\%$$

9. 每穗结实粒数

全株结实颖花数除以该株的穗数。

10. 着粒强度

以粒/10cm（穗长）表示。

$$着粒强度=\frac{平均每穗粒数}{平均穗长（cm）}\times10$$

11. 谷壳率

称取 200 g 籽粒，用手摇磨脱壳后，将壳糠称重求得，即

$$谷壳率=（谷壳糠重\div200）\times100\%$$

12. 千粒重

取 2 份 1000 粒的水稻种子，分别称重。以两次重量相差不大于其平均值的 3% 时为准。如大于 3% 则需另取 1000 粒称重，以相近的两次称重平均值为千粒重，以 g 为单位。

13. 谷草比

籽粒重与秸秆重（除去根系）之比例。

$$谷草比例=籽粒重\div秸秆重$$

　　每组任取 20 株完整的水稻植株，按上述项目及标准进行室内考种和生产效能分析。然后相邻两组进行资料交换，最后进行分析。

四、作业

1. 根据产量预测结果，计算出每公顷产量。

2. 根据水稻成熟期室内考种的资料进行整理统计，并分析结果。

# 第十七章　棉花的形态观察与田间管理

## 第一节　棉花的植物学形态特征观察
## 及四个栽培种的识别

### 一、目的要求

1. 认识棉花营养器官和生殖器官的主要形态特征。

2. 掌握棉花果枝芽和叶枝芽的观察方法，区别棉花的果枝与叶枝。

### 二、材料和用具

（一）材料

陆地棉 4～8 片真叶期的棉株，植株及各器官标本，不同果枝类型及株式标本。

（二）用具

各器官形态挂图及切片，解剖镜、解剖器、钢卷尺。

### 三、内容和方法

棉花属于锦葵科（*Malvaceae*），棉属（*Gossypium*），是一年生或多年生植物。我国栽培的棉花大部分为陆地棉（*G. hirsutum*）种。本实验以陆地棉为例，观察棉花根、茎、叶及生殖器官各部分的特征。

（一）根系形态特征

棉花根属于直根系，由胚根发育而成。主根长可达 2～3m，分生有许多侧根，大多呈 4 行排列，横向伸展达 70～80cm。主根上发生 1 级侧根，1 级侧根上发生 2 级侧根，在适宜条件下可继续分生 3 级、4 级侧根。各级侧根的尖端部分着生根毛。主根和各级侧根及根毛组成倒圆锥形的根系。

根系建成和生理活动过程可以划分为 4 个阶段。

1. 根系发展期

3 叶期前主根生长很快，3 叶期后侧根大量发生，现蕾前主根可伸长到 70～80cm，侧根横向扩展达 40cm 左右，侧根数可达 80 多条。

2. 根系生长盛期

现蕾后主根生长减慢，侧根生长加快，开花前根系基本建成，主根长可达 160～170cm，大侧根横向扩展可达 50～70cm。

3. 根系吸收高峰期

进入花铃期后，根系生长减慢，盛花后期主根、大型侧根基本停止生长，主根长可达 2m 左右，侧根横向扩展达 80cm 左右。此期小侧根及根毛大量滋生，吸收肥水能力进入高峰期。

4. 根系衰退期

吐絮后耕层中活动根数减少，活动机能衰退，吸收能力下降。

（二）茎及分枝的形态特征

1. 主茎

胚芽生长点分化延伸成主茎，具有无限生长习性。但因生长条件所限，陆地棉品种主茎高度一般为 60～120cm。茎上生有茸毛。幼苗期茎为绿色，并随生长逐渐变为紫红色（少数品种始终为绿色）。红、绿茎色生长比例，可以作为田间诊断指标。主茎基部有对生的子叶节。子叶节以上着生真叶的地方叫节，节与节之间称为节间，子叶节至第 1 真叶的距离为第 1 节间。叶柄基部与主茎衔接所成的上角叫叶腋，每个叶腋内着生 1 枚腋芽，腋芽生长成分枝。

2. 分枝

棉花有 2 种分枝，即叶枝和果枝。这 2 种分枝都来源于腋芽。棉花每个叶腋只分化 1 个腋芽。腋芽按其生理活动状态可以分为活动芽和潜伏芽，活动芽按其发育方向又可以区分为叶枝芽和混合芽。叶枝芽可以分化形成叶枝（俗称疯杈或赘芽），混合芽则在分化叶原基的同时又分化花芽，发育成果枝和亚果枝。果枝和叶枝的形成方式和形态特征见图 17-1、图 17-2 和表 17-1。

（a） （b）

图 17-1 棉花的叶枝和果枝形态（引自 www.biologie，uni-hamburg.de）
（a）叶枝形态；（b）果枝形态

表 17-1 棉花叶枝和果枝的主要区别

| 序号 | 项 目 | 叶 枝 | 果 枝 |
|---|---|---|---|
| 1 | 分枝类型 | 单轴枝 | 合轴枝 |
| 2 | 枝条长相 | 斜直向上生长 | 近水平方向曲折向外生长 |
| 3 | 枝条横断面 | 略呈五边形 | 近似三角形 |
| 4 | 发生节位 | 主茎下部 | 主茎中、上部 |
| 5 | 顶端生长锥分化 | 只分化叶和腋芽 | 分化出 2 片叶后，即发育成花芽 |
| 6 | 先出叶与真叶的分布 | 第 1 叶为先出叶，以后各叶均为真叶 | 各果节第 1、第 2 叶分别为先出叶和真叶 |
| 7 | 节间伸长特点 | 第 1 节间不伸长，其余各节间均伸长 | 奇数节间都不伸长，只偶数节间伸长 |
| 8 | 叶的着生 | 与主茎同 | 左右互生 |
| 9 | 蕾铃着生方式 | 间接着生于 2 级果枝 | 直接着生 |

3. 叶枝芽与果枝芽的形态

取 4～6 片展叶的棉苗，去掉展叶，置于解剖镜下，观察第 4 或第 5 叶腋的腋芽（叶枝芽）和第 7 或第 8 叶腋的腋芽（果枝芽）。如叶芽原基刚突起或仅分化 1～2 枚叶原基，则从外形尚分不出叶枝芽或果枝芽，但第 2 叶分化后顶端生长锥如继续分化叶原基，即可确定此腋芽为叶枝芽；如果发育成花原基，可确定为果枝芽。叶枝芽与果枝芽形态特征见表 17－2。

图 17－2　叶芽形成叶枝和混合芽发育为果枝的分化模式

(a) 叶枝模式；(b) 果枝模式

表 17－2　　　　　　　　　　　　棉花叶枝芽与果枝芽的主要区别

| 项　　目 | 叶　枝　芽 | 果　枝　芽 |
|---|---|---|
| 腋芽生长点分化特点 | 不伸长，始终分化叶和腋芽 | 分化 2 片叶后发育成花原基 |
| 腋芽生长点形状 | 扁圆球形 | 圆柱状（体积较大） |
| 腋芽生长点颜色及透明度 | 绿玉色，不透明 | 淡黄色，稍透明 |
| 完全叶与不完全叶分化 | 第 1 叶为不完全叶，其余各叶为完全叶 | 每节第 1 叶为不完全叶，第 2 叶为完全叶 |
| 节间伸长情况 | 第 1 节间不伸长，其余各节间均伸长 | 奇数节间不伸长，偶数节间伸长 |

4. 果枝类型及株型

棉花果枝类型分为零式果枝、一式果枝和二式果枝。零式果枝无果节，铃柄直接着生在主茎叶腋间。一式果枝只有 1 个果节，棉铃丛生于果节顶端。二式果枝多节，为无限果枝型（图 17－3）。无限果枝型按其节间长短又分为 4 种类型：

Ⅰ 型：果枝节间平均长度 3～5cm。

Ⅱ 型：果枝节间平均长度 5～10cm。

Ⅲ 型：果枝节间平均长度 10～15cm。

Ⅳ 型：果枝节间平均长度 15cm 以上。

由于品种和栽培条件的影响，会形成不同的株型。根据果枝和叶枝的分布情况及果枝的长短，分为 3 种株型：

塔型：果枝自下而上逐渐变短，夹角多为锐角。

筒型：上、中、下果枝长度相似，夹角近似直角。

丛生型：主茎较矮，下部叶枝多而粗壮。

筒型植株紧凑，适合密植和机械化管理，塔型比较早熟，丛生型为不良株型。

（三）叶的形态特征

棉花的叶分为子叶、先出叶和真叶 3 种。

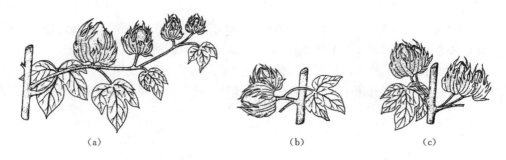

图 17-3 棉花果枝类型

(a) 二式果枝；(b) 一式果枝；(c) 零式果枝

1. 子叶

陆地棉子叶为肾形，绿色，2 片对生。子叶有主脉 3 条，通常无蜜腺。子叶脱落后，留下 1 对叶痕，为识别子叶节的标志。正常情况下子叶生存 2 个月左右。子叶内贮藏大量养分，供种子萌发、出土所需。3 片真叶以前，子叶光合产物是棉苗生长的主要营养来源。

2. 先出叶

为每种分枝和枝轴的第 1 片叶，披针形。长 1～1.5cm，宽约 0.5cm，无托叶，叶柄有或无，为不完全叶，生长 1 个月左右即脱落。

3. 真叶

分为主茎叶和果枝叶，皆为互生。完全叶由叶片、叶柄和托叶 3 部分组成。

托叶：2 片，着生于叶柄基部两侧，主茎叶托叶呈镰刀形，果枝叶的托叶近三角形。

叶柄：为稍扁圆柱形，长短因品种而异。

叶片：主茎第 1 片真叶全缘，第 2 片真叶浅裂成 3 个尖端，第 3 片叶有明显 3 裂片，第 5 叶开始有典型的 5 裂片。陆地棉叶裂片浅，不及叶长的 1/2，也有少数裂片深的“鸡脚棉”品种。陆地棉叶绿色，也有少数红叶品种。叶片多数背有茸毛，叶背面毛重，也有少数无毛品种。叶背面中脉上离叶基 1/3 处有一凹窝为蜜腺，有时两侧裂片的侧脉上也生蜜腺，也有少数无蜜腺品种。陆地棉主茎叶序多为 3/8，果枝上叶片的排列为二列互生。

（四）花和果实（铃）的形态及内部结构

1. 蕾和花

果枝上的花原基发育成蕾，蕾发育成花。花自外而内由苞叶、花萼、花冠、雄蕊、雌蕊 5 部分组成（图 17-4）。

苞叶：3 片，三角形，绿色。上缘有不规则的锯齿，每片苞叶基部的外侧有 1 个苞叶蜜腺。苞叶可保护花蕾，制造养分供蕾铃。

花萼：在苞叶内侧，花冠基部，由 5 个黄绿色萼片联合成杯状。在花萼外侧，相邻 2 个苞叶间的基部各有 1 个花外蜜腺。花萼内侧基

图 17-4 棉花花器官的纵剖面

1—花冠；2—柱头；3—花柱；4—雄蕊管；5—雄蕊
6—苞片；7—萼片；8—胚珠；9—子房；10—花柄

部有 1 圈环状多毛的花内蜜腺。

花冠：由 5 片似三角形的花瓣互相旋叠组成，基部与雄蕊管联合。花瓣因品种不同有乳白、黄色等。陆地棉开花初期为乳白色，次日变粉红，逐渐变紫红色，然后干枯脱落。

雄蕊：一般每朵花有 60～90 个雄蕊。雄蕊基部联合成管状，称雄蕊管，包在花柱之外。雄蕊由花丝、花药 2 部分组成，每个花药常有 100～200 个花粉粒。

雌蕊：位于花朵中央，由柱头、花柱和子房 3 部分组成。由 3～5 个心皮组成的花柱，一般不分开，只在柱头稍有分离。子房被心皮分割成 3～5 室，每室有胚珠 9～11 粒，每室顶尖只有 1 粒，其余成对排列。

2. 棉铃（蒴果）

由子房逐渐膨大而成，棉铃内分 3～5 室，每室有棉瓤 1 瓣，内含种子 9～11 粒。棉铃外部构成分为铃尖、铃肩、铃面、铃基。棉铃因品种不同而有圆、卵圆、长圆、椭圆、圆锥形等几种形状。棉铃的大小因品种和栽培条件不同差异很大，铃的大小用单铃子棉重表示，称为铃重。目前，陆地棉品种铃重分为大、中、小 3 类，其标准是：大铃铃重 7g以上；中铃铃重 5～7g；小铃铃重 5g 以下。

棉铃形成分为 3 个时期：

（1）棉铃增大期：开花后约经 20～30d，棉铃可长到最大体积，同时棉铃内种子体积和纤维长度也迅速增大。

（2）棉铃充实期：此期茎叶和铃壳中的养分逐渐转移到种子和纤维中去，供种子和纤维充实加厚。含水量逐渐下降，棉壳也逐渐失水，由灰绿色变成黄褐色。此时期需经25～35d。

（3）开裂吐絮期：随着棉铃的成熟，含水量迅速下降到 20％左右。铃内纤维失水干枯、扭曲，铃壳也变干收缩，沿背缝线处裂开，露出棉絮。此期需经 5d 左右。一般露地棉从 1 朵花开放到结铃吐絮，大约需经 50～70d。

四、作业

1. 绘制棉花 2 种分枝（叶枝、果枝）的图式。

2. 绘制棉花花朵纵切面图，并注明各部分的名称。

# 第二节　播种前棉籽质量的检验和处理

**一、目的和要求**

棉花种子质量的优劣，直接关系到播种质量和产量。播种前应进行严格检验，以便正确判断和提高种子的价值，并为确定播种量提供依据。本次实习的要求是掌握棉籽质量检验和处理棉籽的主要内容和方法。

**二、材料和用具**

棉籽、感量 0.1g 天平、发芽皿（发芽夹板）、各类异质棉籽标本、粗硫酸、大锅、大缸、铁铲、石蕊试纸、量筒。

**三、内容和方法**

在棉花种子生长发育过程中，由于遗传变异和环境条件的共同作用，使种子有很大的异质性，包括遗传学异质性（异形和异色退化棉籽）和生理学异质性（棉籽的成熟度不同）。此外，还有加工过程中的机械伤害及病虫害等。实践证明，退化棉籽和未成熟棉籽会严重影响棉花产量性状和经济性状。因此，强化种子检验，严格要求种子质量是很重要的。

棉籽的质量标准是：纯度高，成熟好，生命力强，不含杂质，不带病虫。品种纯度和净度均在95％以上，发芽势70％以上，发芽率85％以上。这些质量参数的检验方法如下。

（一）种子纯洁度的检验

检验包括种子品种纯度和净度两方面的内容。检验方法和步骤如下。

1. 取样

即在播种用的种子堆上，取上、中、下不同部位的种子，混合在一起后，用对角线四分法，从中抽取一定数量的种子样本。所取样本一般不少于50g。

2. 拣籽

用手工方法，将具有本品种特征的正常成熟种子与没有种子价值的杂劣种子及混杂物质分开。没有种子价值的杂劣种子包括破籽、蛀籽、病籽、秕籽及退化杂籽（绿籽、稀毛籽、端毛籽、光籽、大白毛籽、异形籽等）。

3. 计算纯洁度

$$种子纯洁度 = （正常种子重量 ÷ 供试种子重量）× 100％$$

（二）种子成熟度的检验

1. 取样

从未经粒选但已经充分晾晒的棉籽中随机取出5kg，作为供试样本。

2. 硫酸脱绒

将取出的种子样本，放入大锅内，徐徐倒入加热的粗硫酸500g（硫酸与种子之比为1：10），边倒边搅，待种子变黑发亮，短绒脱净，随后用清水反复冲洗，至水不显黄，无酸味为止，稍加晾晒即可检验。

3. 鉴别种子

凡种皮黑褐色（棕黑色）饱满充实的为成熟种子；种皮红黄色，秕瘦不饱满的为未成熟种子；颜色和饱满度介于两者之间的为半成熟种子。将这3类棉种分开。

4. 分别计算3类棉种的百分率

（三）种子发芽势和发芽率的测定

种子在适宜条件下，能长出正常幼苗的能力，称为种子发芽力。种子发芽力通常用发芽势和发芽率表示。发芽势是指种子在发芽试验初期规定的较短期限内发芽种子占供试种子的百分数。发芽势的高低表示种子生活力强弱，发芽快慢和整齐程度。发芽率是指在一定时间内，发芽的种子数占供试种子的百分数。发芽率反映了有发芽能力的种子的比例。测定方法如下。

1. 取样

随机取已经粒选的棉种200粒，分为2组，每组100粒。也可以取不同品质的种子，每个样本均为100粒。

2. 处理

将供试样本（棉种）用温水（55～60℃）浸种 30min，再用冷水浸种 24h，使之充分吸水（子叶分层）。捞出待稍干后，用湿纱布包好（每包 100 粒），注明品种、处理日期，还要注明测定人姓名，放在铺有湿纱布的发芽皿或瓷盘内，再放到 25～30℃ 的温箱内，并经常加水，保持湿润状态。

3. 检查记载

第 3 天检查发芽势，第 7 天检查发芽率，分别记载。发芽标准为，胚根长度达种子长度的 1/2 或以上。

4. 计算

$$发芽势 = \frac{3d\ 内发芽的种子粒数}{供试种子总粒数} \times 100\%$$

$$发芽率 = \frac{7d\ 内发芽的种子粒数}{供试种子总粒数} \times 100\%$$

（四）子指的测定和播种量的计算

1. 子指测定

子指是表示棉花种子大小的单位，用 100 粒棉籽的重量（g）表示。测定方法是：从经过硫酸脱绒的棉花种子中（未经脱绒的则用经过粒选的种子）随机数取 200 粒，分成 2 组，每组 100 粒，然后分别称重（精确到 0.1g）。如两者间差异在允许误差（0.4g）之内，则平均值即是子指。

2. 播种量计算

$$经过粒选和硫酸脱绒的棉籽播种量 = \frac{计划密度（株/hm^2）\times n \times 子指（g）}{发芽率 \times 100（g/kg）\times 100（粒）}（kg/hm^2）$$

$$未经过粒选和硫酸脱绒的棉籽播种量 = \frac{计划密度（株/hm^2）\times n \times 子指(g)}{纯洁度 \times 发芽率 \times 1000(g/kg) \times 100(粒)}（kg/hm^2）$$

上式中 n 指的是要求出苗数，即计划留苗数的倍数，在条播情况下 n=8～10，点播情况下 n=2～4。

（五）浸种催芽

浸种催芽不仅可以促进种子吸水萌发，缩短种子萌发出苗所需时间，减少烂种，而且温汤药液浸种还有杀灭病菌的效果。

经常采用的浸种方法有温汤浸种、药液浸种等。温汤药液浸种结合了两者的优点，催芽、杀菌效果更为良好。本次实习采用多菌灵定时定温浸种方法。具体步骤如下：

（1）按 1：250 的比例将 50% 的多菌灵粉剂与 65℃ 左右的水配制成杀菌液。

（2）按种子重与杀菌液重 1：3 的比例，把种子浸入杀菌液，并充分搅拌，使温度可降至 55～60℃。在此温度下浸 30min，中间搅动数次，然后加凉水，使水温降至 30℃，再浸 12～24h。时间长短可视种子情况而定。

（3）将种子捞出，沥去重力水，然后置温箱中，在 25～30℃ 催芽 12～16h。如无温箱，可堆在一起用湿麻袋盖好，闷种 24～36h，也可以达到催芽效果。

（六）药剂拌种

药剂拌种，因使用的药剂不同而有不同效果。如以防病为主，常用多菌灵、拌种灵等。若以防虫为主，则需要用有机磷等杀虫剂拌种。目前，国家不断发布禁用的杀虫剂种类，应根据国家有关要求选用杀虫剂类型。另外，棉花生产中越来越多地应用种业公司生产的种衣剂包衣棉种，种衣剂中包含有杀虫剂和杀菌剂，有的还含有生长调节剂。

经过种子质量的严格检验和种子处理的棉种，即可用于播种。

**四、作业**

1. 记载和计算供试种子的纯洁度、成熟度、发芽势和发芽率。

2. 根据测试结果，计算条播和点播的播种量。

# 第三节　棉花田间生育状况的观察记载

**一、生育期调查**

1. 出苗期

两片子叶平展为出苗。出苗数占全苗数 10% 时的日期为始苗期，出苗 50% 时为出苗期。

2. 现蕾期

以幼蕾苞叶长达 3mm 时为现蕾标准。当棉田有 50% 棉株现蕾时为现蕾期。

3. 开花期

棉田开始有棉株开花时为始花期，有 50% 棉株开始开花时为开花期。

4. 吐絮期

棉铃正常开裂能见到白絮时为吐絮。棉田有 50% 棉株吐絮时为吐絮期。

5. 生育期

从出苗到吐絮的总天数。

**二、生育状况调查**

1. 株高

从子叶节到主茎生长点（或最高一层果枝基部）的高度称为棉花株高，以 cm 表示。

2. 主茎真叶数

以叶片平展为标准。

3. 第一果枝着生节位

子叶节除外，从第一片真叶算起，由下向上数到第一果枝着生的节数。

4. 第一果枝着生高度

从子叶节开始量到第一果枝着生处的高度，以 cm 表示。

5. 果枝数

从第一果枝数到棉株顶端果枝。结铃的果枝为有效果枝，未结铃的果枝或蕾铃脱落的果枝为无效果枝。

6. 果枝长度

选中部果枝一个，从基部量至顶端，以 cm 表示。

7. 果枝节间长度

一般以上、中、下三个部位，各取一个果枝，测量靠近主茎的两个节间的长度，以

cm 表示。

8. 主茎节间长度

于第一次收花前后，从第一果枝着生部位量至顶部以下第四果枝着生部位，打顶棉株可以量至最上果枝着生部位，其总长度用其间果枝数减一除之（空枝、叶枝均应计算在内），以 cm 表示。

9. 茎粗

测量第一果枝下主茎节间的直径，以 cm 表示。

10. 果节数

指棉株上现蕾、开花、结铃、脱落的所有节位之总和，剪去的空枝应以上下两果枝的果节平均数计入。

11. 现蕾数

以眼睛能看到似荞麦粒丸约 3mm 长的幼蕾时，为计数标准。

12. 幼铃数

末出苞叶小于拇指（直径在 2cm 以下）的棉铃数。

13. 成铃数

已出苞叶大于拇指（直径在 2cm 以上）的棉铃数。

14. 蕾、铃生育期及其脱落情况的调查

在棉株现蕾之前选好有代表性的棉株，挂牌编号。于现蕾开花期间每隔 2～3d 观察记载一次。按照每个花蕾的着生部位，分别记载现蕾日期、开花日期、脱落日期以及吐絮日期。凡记载开花日期前脱落的为落蕾，记载开花日期后脱落的为落铃。最后统计落蕾率、落铃率、蕾铃脱落率和结铃率。

落蕾率＝落蕾数/现蕾总数×100％

落铃率＝落铃数/开花总数×100％

落铃落蕾率＝蕾铃脱落总数/现蕾总数×100％

结铃率＝结铃总数/开花总数×100％

15. 烂铃率

吐絮期间调查 2～3 次，每次调查 30～50 株，逐株检查烂铃数（以两瓣以上变黑的为烂铃），按下式计算：

烂铃率＝烂铃数/总铃数×100％

16. 僵瓣率

棉絮结成团不松开的作为僵瓣；称其总重量（包括霜前霜后花中的僵瓣），计算其占总收花量的百分数。

17. 霜前花

枯霜后 3～5d 内收花一次，以这一次收的花和以前各次所收籽棉的总重量作为霜前花，拆合成籽棉总重量的百分数表示之。

18. 单株成铃数

选择有代表性的 5 个样点，每点在同一棉行中连续调查 10～20 株，数其成铃，以调查总株数平均之。

一般可分 7 月 15 日、8 月 15 日（特早熟棉区为 8 月 10 日）、9 月 10 日 3 个时间调查。7 月 15 日调查的成铃数为伏前桃数；8 月 15 日（特早熟棉区为 8 月 10 日）调查的成铃数减去伏前桃数即得伏桃数；9 月 10 日调查的成铃数，包括已收花的铃减去伏前桃、伏桃数，即得早秋桃数；9 月 10 日以后的成铃数为晚秋桃。早、晚秋桃总称为秋桃。伏前桃、伏桃和秋桃的成铃数各占总铃数的百分比，称为"三桃"比例。

### 三、子棉性状室内考察

1. 纤维长度

取子棉样品内健全棉瓣第三位籽（每个棉瓣一粒），用左右分梳法，测量其中部总长度，除 2，以 mm 表示。

2. 纤维整齐度

为（平均纤维长度±2mm）的子棉的粒数占考察子棉总粒数的百分率。整齐度标准：90%以上为整齐，80%～90%为一般，80%以下为不整齐。

3. 衣分

子棉轧花后，所得皮棉重量占子棉重量的百分率。

4. 衣指

百粒棉籽上纤维的重量，以 g 表示。

5. 子指

百粒棉籽的重量，以 g 表示。

6. 不孕籽率

不孕籽率＝不孕籽粒数/全部子粒数×100%

一般取棉铃 15～20 个调查之。

7. 单铃重

栽培上通常以全株平均单铃子棉重（g）来表示。

8. 每株子棉产量

每株子棉产量＝总产量/实际株数。

9. 霜前子棉产量

严霜前所收籽棉的总产量。

10. 千粒重

1000 粒棉籽的重量，以 g 表示。

# 第四节　棉花播种技术和播种质量检查

### 一、目的和要求

棉花种子发芽出苗对土壤的温度、水分及疏松程度等条件要求较严格。所以棉花播种是一项技术性很强的工作。除了应做好播前种子处理、土壤准备外，还必须认真掌握播种技术确实达到播种质量的要求，以保证一播全苗。

本次实习要求掌握棉花播种技术的质量要求及播种质量的检查方法。

**二、材料和用具**

棉花种子、播种机具、皮尺、钢卷尺。

**三、内容和方法**

（一）播前整地及其质量检查

播前整地的目的是为棉花发芽出苗创造良好的表层土壤条件。播前整地要求达到土壤平整细碎、上虚下实，以利于播种操作、保证土壤增温保墒和棉花扎根出土，保证播种质量。因此，在适时耕翻及耕深适宜的基础上，具体的要求是：

（1）耙透、盖平，无漏耕、漏盖现象，无暗坷垃、残茬、粪块。坷垃直径不超过 2cm。

（2）表层 5cm 土壤疏松，下层土壤踏实。人踩到表土上可以没过鞋底，但不明显陷脚。

（3）墒情良好，要求 0～10cm 土层水分略高于田间持水量的 70%，表层干土层厚度不超过 2cm。

按上述要求，在全田有代表性的地方普查整地质量。一般采用不定点取样，但应特别注意地头、沟边是否符合质量要求。

（二）播种技术

1. 播种方法

棉花播种方法主要有条播和点播 2 种。条播工效高，深浅好控制，但种子用量大。根据播种机具的不同又可以分为机播、耧播和人工点播 3 种。

（1）机播。机播的工效高，可短期内完成播种任务。而且播种质量好，可以保证行距一致，播量准确，下籽均匀，深浅一致，播种、复土、镇压（及覆膜）连续作业。机播对整地质量要求严格，必须达到平整细碎，墒情充足。一般用脱绒包衣种子，可以防止短绒等缠住排种轮，堵住排种口，造成下籽不匀或漏播现象。另外，播种前要做好播种机的检修和播种量的调整，达到行距一致，开沟深浅一致，排种轮转速正常，排籽均匀，无断垄和破籽。

播种量的调整，要先按每公顷计划播种量和行距计算出每米行长应有的种子粒数。计算公式为

$$每米行长应有种子数=\frac{播种量（kg/hm^2）\times每千克种子粒数\times行距（m）}{10000（m^2/hm^2）}$$

检查播种量时，将播种机架起，按播种时机车行驶的速度转动轮子 20 转以上，或由机车牵引直接在场地上行驶，调整到合乎要求的标准为止。

（2）耧播。耧播时播种的深浅，下籽的多少，行距的宽窄，镇压的紧实程度，全靠人工掌握。因此，要求掌耧、撒籽、镇压的人员必须技术熟练，互相配合，方可保证播种质量。

（3）点播（摆种）。点播具有节省种子、株距一致、下种集中、顶土力强、容易获得全苗等优点。除机械点播外，多采用人工点种。人工开沟点种的具体方法是：耧开沟，露出湿土，打印摆籽，立即覆土镇压。这样能尽量减少土壤水分散失，保证播深一致，达到出苗早和苗全苗齐的目的。

当前多采用机械开沟点播的播种方式。

2. 播种量的确定

适宜播种量的确定，应根据播种方法、种子发芽率、百粒重、土壤墒情及留苗密度灵活掌握。发芽率低，百粒重高，墒情差，留苗密度大时应增加播种量，反之可适当减少播种量。种子发芽率在 85% 以上时，一般要求下种量条播为留苗密度的 10 倍。在每公顷留苗 75000～105000 株，百粒重 10～12g，每公斤种子粒数在 8400～10000 的情况下，条播每公顷播种量一般 90kg 左右，点播 15～30kg 较为适宜。计算方法为

$$播种量 = \frac{计划密度（株/hm^2）\times 留苗倍数}{每千克种子数 \times 发芽率} \quad (kg/hm^2)$$

3. 播种深度的确定

播种过深时，由于氧气不足，地温较低，易造成闷种烂芽，出苗慢而不齐。播种过浅，易造成落干，不能发芽出苗。一般播种深度以 3～4cm 较适合，并要掌握在早播、墒好、黏土地、盐碱地宜浅，晚播、墒差、沙性土适当加深的原则。

4. 播后镇压

播后镇压和种子发芽出苗有密切关系。干旱多风地区镇压不及时就会失墒，潮湿地区强烈镇压会造成板结。除机播外，下种后应根据土壤的干湿程度及时进行镇压。土壤潮湿时，应晾晒以后再行镇压。镇压方法除用砘子镇压外，还可以用大锄在播种行上连续推两遍，效果很好。干旱多风地区也有用点播后踩踏的办法。

（三）播种质量检查

在播种过程中检查播种质量，可以随时发现和解决问题，确保播种质量。在播种结束时进行检查，也可以根据发现的问题采取相应措施，力争全苗。播种质量检查的主要内容和方法如下。

1. 行距

相邻 2 个播种行之间的距离与规定行距的误差不宜超过 ±3cm。机播的机组往返接垄处不宜超过 ±5cm。可直接测量播种行之间的距离是否合乎规定。

2. 株距

点播时应注意检查挖穴或摆籽距离是否符合要求，以保证计划密度。

3. 播种量

每米下籽粒数不应多于或少于规定播种量的 10%。下籽要求均匀一致，不应发生断条或棉籽拥挤现象以及漏播、重拨等。可随机多点取样，将播种行上的覆土轻轻扒开，检查每米行长种子分布情况和种子粒数。

4. 播种深度

种子应播在湿土中。检查时可将覆土扒开，检查种子距地面的厚度。

5. 播后镇压

镇压后检查轻重度是否适合，土壤表面是否有裂缝，扒开覆土检查种子和土壤是否密接。

**四、作业**

本次实习的棉田整地质量和播种质量存在哪些问题？原因是什么？

# 第五节　棉花生育期田间诊断

## 一、目的和要求

学会棉花蕾期田间调查及诊断的方法。通过调查和诊断了解棉花生育状况、营养状况和土壤水分状况，并进行综合分析。提出相应的技术措施，调节棉花的生育进程，达到增产目的。

## 二、用具

钢卷尺。

## 三、内容和方法

（一）蕾期生育性状调查和叶面积的测定

选取不同类型的棉田，按照田间调查的取样方法与标准进行如下性状的调查：株高；第一果枝着生节位，第一果枝高度；果枝数；主茎叶片数；蕾数、脱落数、果节数。然后根据生育性状的调查结果，选取有代表性的棉株 5 株，按照棉花叶面积的测定方法测定。

（二）蕾期的田间诊断

1. 蕾期棉株长势长相指标

长势和长相是作物器官生长对外界环境条件影响的反映。长势是器官生长的数量指标，长相是器官生长的形态指标。由于品种和栽培条件的不同，长势长相指标有较大的差异，下面介绍的是常规密度种植的高产棉田长势长相指标，可因地制宜参考应用。

（1）主茎高度：现蕾时 12～20cm，盛蕾期 30～35cm，开花期 50～60cm。

（2）主茎日增长量：现蕾至盛蕾期 1～1.5cm，盛蕾至开花期 1.5～2cm。

（3）叶片性状：叶片大小适中。现蕾时主茎倒 4 叶宽 8cm，见花时 15cm。叶色油绿，叶片稍薄，叶柄较短。叶面积指数现蕾期 0.2～0.4，开花期 1.5～2。顶部在主茎上的节位由上向下分别为 1、2、3、4 的 4 片叶，其叶片高度的顺序应是 4cm、3cm、2cm、1cm，即叶片盖顶，生长点稍凹陷。

2. 蕾期的营养诊断

营养诊断应包括全部营养元素，但氮素营养状况与棉株生长发育的关系最为密切。本次实习即以氮素营养诊断为主。在水分正常情况下，棉株缺氮与不缺氮的表现如下：

不缺氮：叶色浓绿，叶片大而较薄。茎顶紧凑，生长点深藏，嫩茎扁而稍扭曲。

缺氮：上部叶片绿而带黄，叶小而薄。叶片毛少光滑，叶柄较长，生长点伸出，茎顶松散冒尖，嫩茎细而直。

3. 蕾期的水分诊断

在土壤保水能力较强，播种前进行蓄水灌溉的条件下，苗期一般不缺水。现蕾以后，对水分的需要逐渐增加。应注意及早鉴定棉株需水的症状，作为合理灌水的依据。棉株需水的表现主要是：

（1）主茎生长速度。从现蕾至开花阶段，如持续一周主茎日增长量不足 1cm，即为受旱表现。

（2）叶部性状。叶片对水分的反映比较敏感。叶色油绿为正常。深绿带灰为缺水。上部 3~4 片叶浅绿，下部老叶有光亮者为水分过多。

（3）茎顶的长势。水分不足时，茎顶部新叶和新生果枝幼蕾出生速度均明显降低，故表现为顶蕾大而高出顶尖。

（4）土壤水分指标。当 0~60cm 土层水分含量低于田间持水量的 55%~60% 时，即应灌水。

在棉花田间诊断中，除通过观察棉株长势长相作为需肥需水指标外，如配合以快速棉田水分和棉株及土壤养分测定，则更为理想。

**四、作业**

1. 列表总结棉花蕾期生育调查结果，并说明这块棉田生长发育是否正常？

2. 根据生育调查和田间诊断结果进行综合分析，说明这块棉田是否应施肥、灌水？

# 第六节　棉花产量预测和考种

**一、目的和要求**

1. 掌握棉花产量预测的方法。

2. 掌握棉花考种的基本方法和步骤。

**二、材料和工具**

材料：不同类型的棉田；棉株不同部位采摘的单铃子棉、正常吐絮的子棉。

工具：小轧花机、皮尺、计数器、计算器、感量 0.1g 天平、梳绒板、梳子、小钢尺、毛刷。

**三、内容和方法**

（一）棉花产量预测

1. 确定预测时间

产量预测的时间必需适时。过早，棉株的结铃数目尚难以确定；过晚，起不到产量预测的目的。一般在棉株结铃基本完成，棉株下部 1~2 个棉铃开始吐絮时较为适时。黄河流域棉区一般在 9 月 10 日以后进行。

2. 核实面积和分类

产量预测前，要对准备预测的棉田进行普查。根据不同品种、种植样式、管理技术等，分别按照棉花生长情况，分为好、中、差 3 个类型，并统计各类型面积，然后在各类型棉田中选出代表田块进行预测。代表田块选取多少，要根据待预测棉田总面积确定。一般每类棉田最好选 2 块以上。

3. 取点

取点要具有代表性。样点数目决定于棉田面积、土壤肥力和棉花生长的均匀程度。样点要分布均匀，代表性强。边行、地头、生长强弱不均、过稀过密的地段均不宜取点。一般可采用对角线取点法，根据棉田面积分别用 3、5、10、15、20 等点取样。

4. 测定每公顷株数

（1）行距测定：每点数 11 行（10 个行距），量其宽度总和，再除以 10 即得。

（2）株距测定：每点在一行内取 21 株（20 个株距），量其总长度，再除以 20 即得。

为了准确，行距和株距在一个点上可连续测量 3～5 个样，取其平均值。

（3）每公顷株数计算：公式为

$$每公顷株数=\frac{10000m^2}{行距（m）×株距（m）}$$

5. 测定单株铃数

每个取样点调查 10～30 株的成铃数，求出平均单株铃数。测定时要注意，幼铃和花蕾不计算在内，烂铃数及其重量分别记载，以供计算单株生产力及三挑比率时参考。

6. 计算每公顷产量

产量预测时，棉花处在吐絮期，单铃重和衣分宜采用同一品种、同一类型棉田的平均铃重和衣分，并结合当年棉花生长情况而确定。即

$$籽棉产量=\frac{每公顷株数×平均单株铃数×平均单铃籽棉重（g）}{1000（g）}（kg/hm^2）$$

$$皮棉产量=籽棉产量（kg/hm^2）×衣分（\%）（kg/hm^2）$$

（二）棉花考种

考种就是对棉花的产量和纤维品质进行室内分析。考种项目和内容很多，本实习仅对和栽培技术有关的几项主要内容进行考查。

1. 单铃子棉重量（简称铃重）测定

一株棉花不同部位的铃重不同，不同类型不同产量的棉田，棉株不同部位的棉铃所占比重也不同。因此，测定单铃子棉重应以全株单铃子棉的平均重量来计算。预测产量时单铃子棉重的测定方法是：每点取 5～10 株棉花，记载其总铃数。采摘后称总重量，求出平均铃重。

$$平均单铃子棉重=子棉总重量（g）÷总铃数（g）$$

铃重测定之前要充分晒干，含水量以不超过 8% 为宜。

2. 衣分测定

皮棉占子棉的百分比即为衣分。衣分高低是棉花的重要经济性状。不同品种的衣分不同，同一品种的衣分随环境条件和栽培措施的不同亦有差异。衣分仅是一个相对的数字，测定方法是：将采摘的子棉混匀取样。一般每样取 500g 子棉（至少取 200g），称重后轧出皮棉。

$$衣分=（皮棉重÷子棉重）×100\%$$

衣分测定一般需取样 2～3 个，求其平均数。

3. 衣指和子指的测定

100 粒子棉上产生的皮棉的绝对重量即为衣指（g）。100 粒棉籽的重量为子指。衣指与子指存在着高度的正相关，即铃大，种子大，则衣指就高，反之就低。测定衣指和子指的目的，是为了避免因单纯地追求高衣分，而选留小而成熟不好的种子。

测定方法：用小轧花机轧取 100 粒子棉上的纤维，称其重量，即为衣指；相应的棉籽重量即为子指。以克为单位，测定 2～3 次，取其平均值。

4. 棉纤维长度测定

纤维长度与纺纱质量关系密切（表 17-3）。当其他品质参数相同时，纤维愈长，其

可纺支数愈高,可纺号数愈小。棉花不同种、品种的纤维长度差异很大,同一品种随生长的环境条件和栽培措施的不同亦有变化,同一棉铃不同部位棉籽上的纤维长度亦有差异。

表 17 - 3　　　　　　　　　原棉纤维长度与可纺支数的关系

| 原棉种类 | 纤维长度（mm） | 细度（m/g） | 可纺支数 |
|---|---|---|---|
| 长绒棉 | 23～41 | 6500～8500 | 100～200 |
| 细绒棉 | 25～31 | 5000～6000 | 33～90 |
| 粗绒棉 | 19～23 | 3000～4000 | 15～30 |

棉花纤维长度的测量方法,可以分为皮棉测量和子棉测量 2 种。本次实习采用"左右分梳发"进行子棉纤维长度测定,其步骤如下:

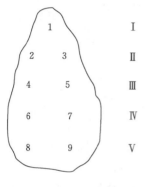

图 17 - 5　棉瓤中棉子位置排列图

（1）取样:在测定棉样中随机取 20～50 个棉瓤(取样多少依样品数量而定)。通常以棉瓤第 Ⅲ 位子棉为准(图 17 - 5)。

（2）梳棉:取子棉用拔针沿种子缝线将纤维左右分开,露出明显的缝线。用左手拇指、食指持种子并用力捏住纤维基部,右手用小梳子自纤维尖端逐渐向棉子基部轻轻梳理一侧的纤维,直至梳直为止,然后再梳另一侧。注意不要将纤维梳断或梳落。最后将纤维整理成束,呈"蝶状"。仔细地摆置在黑绒板上。如纤维尚有皱缩,可用小毛刷轻轻刷理平直。

（3）测定长度:在多数纤维的尖端处用小钢尺与种子缝线平行压一条切痕。切痕位置以不见黑绒板为宜。然后用钢尺测定直线间的长度,并除以 2,即为子棉纤维长度,以毫米为单位表示。

注意:

（1）纺纱支数:用以表示纱的粗细的一种质量单位,以往用英制支数,现国家统一采用公制支数,分别指每 1 磅(英制)或 1 千克(公制)棉纱的长度为若干个 840 码(英制)或若干千米(公制)时,即为若干英支或若干公支。纱越细,支数越高。

（2）纺纱号数:用以表示纱的粗细的另一种公制单位,即每千米棉纱的重量为若干克。按其号数系列定位若干号,纱越细号数越小。

**四、作业**

1. 整理并计算本组的测产结果。

2. 试述棉花衣分、衣指、子指测定的意义。

3. 要想棉花测产符合实际,测产中应注意的事项是什么?

# 第七节　棉纤维工艺品质的鉴定及棉籽特征的考查

棉花是重要的工业原料作物,其产品一般是籽棉。籽棉中含长纤维 37% 左右,短绒

2%～2.5%，长纤维和短绒都是纺织工业的重要原料，尤其是长纤维。从纺织工业的角度要求棉纤维细长整齐、均匀、强力大、成熟度高、扭曲多、洁净而色泽好、有光亮，因此，选育和推广新品种，工厂收购棉花都必须鉴定其工艺品质，同时考察棉籽的特征特性。

**一、纤维工艺品质的鉴定**

（一）纤维长度测定

纤维长度是一项重要的工艺特性，并为纺织加工的根本条件，如长度不及 1/2 时（12.5mm）的纤维，无纺织高级织物的价值，一般纤维愈长者，工艺品质越好，则纺出的纱愈细。纤维长度的标准，可直接量取，以毫米为单位。工厂也可根据纺纱支数（一磅棉花可纺 840 码长的纱的个数，为英制支数，1 码＝C 9144m；1kg 棉花能纺 1000m 长的纱的个数为公制支数）的多少来判断。棉纤维愈长，纺纱支数愈多。一般海岛棉纤维长度可达 34mm 以上，能纺英制 32～60 支纱，中棉和草棉纤维品质差，只能纺英制 18 支以下的粗棉纱。

实验室测定纤维长度分皮棉测定和籽棉测定两种。

1. 皮棉测定法

测定皮棉常采用手扯法，为商业棉花交易上所通用的方法，即先取皮棉一束，用手大拇指和食指撑紧平分为二，放下其中一半，并清除另一半样品中零乱不齐的部分，使截面边缘平整，再用右手之食指夹取棉样截面上各伸长的纤维末端，顺次缓缓将纤维一层一层拉出，放在食指上，如此进行若干次，至拉出的纤维成束为止，然后将此束棉纤维经若干次整理，放在黑绒板上疏直，再用钢尺将两端各面截齐后测量，以 mm 为单位。此法所测定之长度为扯样长度（主体长度），不能反映出棉样中不同长度纤维含量及其整齐度。

2. 籽棉测定法

用籽棉测定纤维长度常采用左右分梳法，即先取每组 50～100 粒能代表整批材料的籽棉。将每粒籽棉上的纤维，从籽棉的子脊处左右分开，放在黑绒板上，再用小梳子将纤维左右分梳成蝶状，用钢尺截去两端不齐部分，量取两边全长以 2 除之或量取其中一侧的长度，得数相加后予以平均，即得出该样品的纤维长度。

（二）纤维整齐度的计算

优质的棉纤维不仅要求长度较长，而且要求整齐。如果籽棉与籽棉之间纤维长度差异很大，即为不整齐，这样的棉花纺织时废花量多，纺出的纱也不结实，纺织工业上要求籽棉间各纤维长度之差不得超过 6mm。在棉纤维整齐度的考察计算上，通常使用的公式为

$$纤维整齐度＝\frac{（纤维平均长度\pm2mm）范围内的籽棉数}{被考察的籽棉数}\times100\%$$

具体计算纤维的整齐度时，可与测定纤维长度结合进行，即可利用上边的数字。如果上述测定的纤维平均长度为 27mm，±2mm 的范围则为 25～29mm，在这 100 粒籽棉长度的数据中将 25～29mm 长度范围内的棉籽数数出，即可算出纤维整齐度。如这 100 粒棉籽中纤维长度在 25～29mm 范围内籽棉数为 86 粒，其余 14 粒超出此范围，短于 25mm 或长于 29mm，则此样品的整齐度即为 86%。

目前选种上的标准，凡纤维整齐度在 90% 以上者，为标准纯度，80%～90% 者为普

通纯度，小于 80% 则纯度很差；就纤维的经济性状而言，通常在 80% 以上者为整齐，70%～80% 者为一般，70% 以下者为不整齐。

也可用计算变异系数来衡量纤维的整齐度，计算公式为

$$变异系数 = \frac{\sqrt{\sum (x-\overline{x})^2 / (n-1)}}{\overline{x}}$$

式中　$x$——每个籽棉的纤维长度；

$\overline{x}$——样品的纤维平均长度；

$n$——所测的样品粒数。

变异系数愈小，说明纤维长度愈整齐，品种愈纯。一般以 5% 为整齐，5%～7% 为一般，7% 以上者为不整齐。

（三）纤维强度的测定

所谓纤维强度是指单根纤维在测力计上被拉断时所需要的力。纤维强度也是衡量纤维品质的一个重要指标，强度越高，纺出的纱就越结实。由于品种和成熟度不同纤维强度有很大的差异。一般陆地棉品种纤维强度多在 3.5～5g 之间，而海岛棉可达 4.5～6.0g。实验测定纤维强度用纤维强力机，可测单根纤维被拉断时所需的力，也可测定一束纤维被拉断时所需要的力，然后再换算出单根纤维的平均拉力。

（四）纤维细度的测定

细度即为每克重量纤维的单根总长度，单位为 m/g。纤维细度对成纱强力的影响大，纤维愈细，相同的成纱断面内所含的纤维根数愈多，相互的抱合力愈大，滑脱的机会少，所形成的纱强度越高，越结实。测定时取一束纤维梳直，切取中段 10mm 长度，然后在万分之一的天平上称取重量，再在解剖镜上查出纤维根数，即可用下列公式计算其纤维细度，即

$$细度（m/g）= 10 \times n/w$$

式中　10——棉束切取中段纤维长度（mm）；

$n$——切取棉束纤维根数；

$w$——切取棉束纤维重量（mg）。

（五）断裂长度计算

即细度和单纤维强度的乘积（单位为 km）。棉纱强度，不仅与单纤维强度有关，又受纤维的长度、细度和扭曲度等的影响。通常棉纤维的长度和细度是一致的，但细度和单纤维强度常是矛盾的。棉纺工业要求棉纤维的细度和强度都较好，断裂长度就是表示细度和强度综合品质的通用指标。断裂长度与成纱强度呈显著正相关。

$$断裂长度 = 细度（m/g）\times 强度（g）\times 0.001（km）$$

式中　0.001——米化为千米的换算因数。

**二、籽棉特性的测定**

（一）衣分率测定

衣分率即皮棉占籽棉重的百分比，用来衡量籽棉上纤维的多少，即

$$衣分率 =（皮棉重/籽棉重）\times 100\%$$

测定时每品种称取 50g 或 100g 籽棉，在轧花机上或用手将棉籽轧出，然后称取纤维

重量或棉籽重量，再用上述公式计算出衣分率。

（二）籽指、衣指的测定

籽指指的是百粒棉籽的重量，衣指指的是百粒籽棉的纤维的重量，均以克表示。

测定籽指和衣指时，每个样品取有代表性的籽棉 300 粒，分别称取重量，然后轧花将棉籽和纤维分开，再分别称取棉籽和纤维的重量，算出每百粒棉籽的重量及其上纤维的重量。

三、作业

1. 分别测定陆地棉、海岛棉、中棉、草棉的纤维长度、纤维整齐度、衣分率、衣指和籽指。

2. 在解剖镜底下观察棉纤维的形态结构，并绘图表示。

# 第十八章　玉米的形态观察与田间管理

## 第一节　玉米的形态识别

### 一、目的

了解玉米的植物学形态特征，识别玉米的主要类型。

### 二、内容说明

（一）玉米植物学的形态特征

玉米（Zeamay L.）是禾本科玉米属物，是一种茎叶繁茂，根群发达的高秆作特。各部分的特征如下。

1. 根

玉米具有归达的须根系。可深入土层 140～150cm 以上，向四周发展可达 100～120cm，但根系主要分布在地表下 30～50cm 的土层内。根据根的发生时期、外部形态、部位和功能可以分为胚根和不定根（又称节根，生长在地下茎节的称为地下节根一次性生根；生长在地上茎节上的称为地上节根——气生根或支持根）。

（1）胚根。在胚中即已具有。种子发芽时首先生出一条初生胚根，继而从下胚轴处再生长 3～7 条次生胚根。初生胚根与次生胚根组成了玉米的初生根系，这些根系是玉米幼苗期的吸收器官。

（2）地下节根。是在三叶期至拔节期从密集的地下茎节上，由下而上轮生而出的根系。一般为 4～7 层，多者可达 8～9 层，但品种间或同一品种会因春、夏播不同而异。它是玉米一生中最重要的吸收器官。

（3）地上节根。是玉米拔节后从地上近地面处茎节上轮生出的根系。一般有 2～3 层。支持根粗壮坚韧，保护组织发达，表皮角质化。位于土表上的部分能形成叶绿素而呈绿色，有的见光后为紫色。支持根在物质吸收、合成及支撑防倒方面具有重要的作用。

2. 茎

直立，较粗大，圆柱形，一般高 1～3cm，但因品种、土壤、气候和栽培条件不同而异。茎秆若干节组成，通常有 14～25 个节，其中 4～6 个密集在地下部，节与节之间称为节间。各维管束分散排列于其中，靠外周的维管束小而多，排列紧密，靠中央的大而少，排列疏松。茎基部上腋芽能长成侧枝，称为分蘖，并能形成自己的根系。分蘖力因类型及品种而异。一般硬粒型及甜质型的分蘖力强。生长在良好条件下的大多数品种，各节间长度由下而上向顶式增加，而直径逐渐减小。一般情况下，穗颈下的节间最长，其次是穗位的上、下节间较长，各节间长度与环境条件密切相关。

**3. 叶**

形较窄长，深绿色，互生，包括叶鞘、叶片、叶舌三部分。叶鞘紧包茎部，有皱纹，这是与其分作物不同之点。在叶鞘顶部着生有加厚的叶片，叶片主脉明显，叶片边缘呈波浪状，各叶片大小与品种、在茎上的位置及栽培条件有关。由茎基至穗位（着生果穗节位）叶逐渐增大，由穗位叶至顶部叶又逐渐减小。一般穗位或穗位的上、下再叶为最大。玉米单株叶面积变化在 $0.3\sim1.2m^2$ 范围内。玉米第一片叶的尖端为椭圆形，其他各叶叶尖均为而狭长。玉米下部叶片（约为总叶数的 1/3 左右）表面光滑无茸毛，称之为光叶。有人认为光叶就是胚叶，紧挨着光叶往上的 1～2 片叶。因此，可根据各叶茸毛的特点，作为田间苗龄的诊断指标之一。叶是重要的光合、呼吸器官，在玉米叶片维管束鞘的大型细胞里，含有叶绿体，对降低光呼吸有重要作用。

**4. 花序**

玉米是雌同株异花异位的作物。有两种花序：一种是位于茎顶端的圆锥花序，由雄花构成；另一种是着生在叶腋肉穗花序，由雌花构成。

（1）雄花序：玉米雄花序的大小、形状、色泽因类型而异。在花序的主轴和分枝上成行地着生许多成对的小穗，两个成对小穗中一为有柄小穗，一为无柄小穗。每一小穗的两征颖片中包被着两朵雄花，每雄花由内、外稃、浆片、花丝、花药等构成。发育正常的雄花序约有 1000～1200 个小穗，2000～2400 朵小花，每一小花中有 3 个花药，每一花药中有花粉粒 2500 粒，故一个雄花药有 1500～2000 万个花粉粒。

（2）雌花序：玉米的雌花序由腋芽发育而成。一个植株上除上部 4～6 片叶子外，全部叶腋中都有腋芽，但通常只有 1～2 个腋芽能生长以育成果穗。果穗是变态的茎，具有缩短了的节间及变态的叶（苞叶）。果穗的中央部分为穗轴，红色或白色，穗轴上亦成行着生许多成对的无柄小穗，每一个小穗有宽短的二片革质颖征夹包着两朵上下排列的雌花，其中上位花具有内外稃、子房、花丝等部分，能接受花粉受精结实，而下位退化只残存有内外稃和雌雄蕊，不能结实。果穗为圆柱形或近圆锥形，每穗具有子粒 8～24 行。

**5. 子粒（颖果）**

果皮、种皮、胚和胚乳组成。果皮与种皮紧密连接不易分开。玉米胚有较肥大的特点，胚乳湖粉层和淀粉层。一般占子粒粒重的 10%～15%。胚乳是储藏有机营养的地方，根据胚乳细胞中淀粉粒之间有无蛋白质胶体存在而使乳有角质胚乳和粉质胚乳之分，又由于支链淀粉和直链淀粉的含量不同，有蜡质胚乳和非蜡质胚乳之他。子粒的颜色决定于种皮、湖粉层及胚乳颜色的配合。因此，有的是单色的，也有是杂色的，但生产上常见的是黄、白两种。种子的外形有的近于圆形，顶部平滑，有的扁平行，顶部凹陷。种子大小不一，一般千粒重约 200～250g，最小的只有 50 多克，最大的达 400g 以上，每个果穗的种子重占果穗重的百分比（子粒出产率）因品种而导，一般是 75%～85%。

（二）玉米类型的特征

通常根据子粒的谷壳性，即裸粒的或带稃的；子粒的外部形态，即子粒的形态及表面特征，子粒的内部构造，即粉质胚乳和角质胚乳的着生情况等三个方面的性状，将玉米划分为九类型（亚种），其特征如下：

（1）硬粒型（Zea mays L. indurate Sturt.）。又称普通种或燧石种。果穗多为圆锥形，子粒顶部圆而饱满，顶部和四周均为角质胚乳，中间为粉质。子粒外表透明、坚硬、有光泽、多为黄色，次为白色，少部分为红、紫色。与马齿型比较其品质较好，耐低温，适应性强，成熟早，产量稳定，但较低，是生产上的主要类型之一。

（2）马齿型（Zea mays L. semindentata Kulesh.）。又称中间型。是由硬粒型与马齿型杂交而成的杂交种。与马齿型的区别是子粒顶部有不大明显的大凹陷，胚乳发达，粉质胚乳比马齿型小，较硬粒型多。因此品质好于马齿型，产量较高，是生产上种植较多的类型。目前生产上推广的杂义种都属半马齿型。它还不是一种稳定的类型。

（3）蜡质型（Zea mays L. semindentata Kulesh.）。子粒顶端圆形，表面光滑，但无光泽，切面透明，呈蜡状。胚乳全部由角质胚乳所组成，而且该型玉米子粒的淀粉全部为支链淀粉（其他亚种中枝链淀粉及直链淀粉组成约为 80％与 20％之比）。由于该型玉米煮熟后具有糯性，故有"糯玉米"之称。此种原产我国，是玉米引入我国后在西南山地特殊条件下形成的一种生态型。主要在云南、广西、贵州一带零星种植。

（4）粉质型（Zea mays L. amylacea Sturt.）。子粒圆形或近圆形，与硬粒种相似。不同者在于本类型子粒胚乳全部由粉质胚所构成（极少有角质胚乳存在），外观不透明，表面光滑，切面全部呈粉状，子粒颜色有白色及杂色等，胚乳中含淀粉约 71.5％～82.66％，蛋白质 6.19％～12.18％，子粒质地较软，极易磨成淀粉，是制淀粉和酿造的优良原料，我国很少栽培。

（5）甜质型（Zea mays L. saccharata Sturt.）。又称甜玉米。植株小而多叶，易生分蘖，穗长度中等，苞叶长，子粒扁平，成熟时表面皱缩，且坚硬而透明，表面及切面均有光泽，胚较大，胚乳中含有多量糖分（乳熟期含糖量为 15％～18％）脂肪和蛋白质、淀粉含量低，子粒形状及颜色多样，以黑色及黄色者较多。可分为普通甜玉米和超甜玉米两种。

（6）爆裂型（Zea mays L. everta Sturt.）。果穗小，穗轴较细小粒小，胚乳及果实均很坚硬，除胚乳中心部分有极少量粉质胚乳外，其余均为角质胚乳，故蛋白质含较高。本类型与其他类型最大的区别在于子粒加热后有爆裂性。这主要是由于子粒外层的坚韧而富弹性的胶体物质，内部胚乳在加热时体积又能显著膨胀猛裂冲破外层而翻到外面，故仅用于制作糕点之用。由于子粒形状不同，可分为"米粒型"和"珍珠型"两种，前者子粒较大（果穗也大一点），选端尖，呈米粒形，后者子粒小，圆形，果穗细长。子粒的颜色甚多而一般以金黄色及褐色者多。

（7）有稃型（Zea mays L. tunicata Sturt.）。此类型与其他类型的最大区别在于小穗的颖征和稃非常发达，呈羊皮纸质紧包于颖果之外，用一般方法难于脱粒。植株高大多叶，子粒形状颜色及胚乳的性质为多样化，但一般方法难于脱粒。植株高大多叶，子粒形状颜色及胚乳的性质及为多样化，但一般以角质胚乳较多，包围有粉质乳四周，子粒一般呈圆形，其顶端较尖的比较普遍，果穗轴较细。小穗花有明显的小花梗，雄花序花枝发达，且雄花序上结实的返祖现象较为普遍。该类型属最原始类型，没有生产价值。

（8）甜粉型（Zea mays L. amyleo-sccharala Sturt.）。子粒上部为含糖分较多的角质胚乳，似甜质型，而下部为粉质胚乳。该类型我国目前没有种植。

**三、材料及用具**

玉米的植株，玉米各类型的果穗，解剖刀，镊子，扩大镜。

**四、方法与步骤**

（1）取玉米植株，按根、茎、叶、花、穗、果实的顺序，仔细观察各部位的形态特征。

（2）取玉米各种类型的果穗，仔细观察其子粒的特征。并将子粒纵剖开，观察剖面结构，即角质胚乳与粉质的分布情况。

**五、作业**

1. 按所发生果穗的编号，根据不同的特征判断各属何种类型。

2. 观察各类玉米子粒的剖面结构，并绘剖面图，注明角质与粉质的分布。

# 第二节　玉米生育期间的苗情调查、田间诊断和管理

**一、目的**

掌握玉米的生育过程，叶龄、叶绿素、叶面积和叶面积指数，光合势与群体光合速率及干物质的生产过程的观察标准和测定方法。初步掌握玉米看苗诊断的技术。学会在不同情况下，判断苗情好坏的标准，及时采取相应的栽培技术，调控玉米的叶色和长势与长相，使群体处于最佳状态，最后获得高产。

**二、材料及用具**

在田间设置不同处理（如不同品种或不同密度等）供观察和测定用；瓷盆或塑料盆、剪刀、烘箱、电子天平、计算器、便携式叶绿素仪、群体光合测定系统、手持激光叶面积仪。

**三、内容说明**

1. 生育时期的观察

在玉米整个生长发育过程中，由于本身量变和质变的结果和环境变化的影响，使其外部的形态和内部结构发生阶段性变化，这些阶段性变化称为生育时期。播种出苗后，在大田（或处理）定 10～20 株作为生育时期的观察材料（不择边行），定点后进行定期观察。

各生育时期的观察记载标准如下：

（1）出苗。播种后种子发芽出土高约 2cm，称为出苗。

（2）拔节。当雄穗分化到伸长期，靠近地面用手能摸到茎节，茎节点长度达 2～3cm 左右时，称为拔节。

（3）抽雄。玉米雄穗尖端从顶叶抽出时，称为抽雄。

（4）开花。植株雄穗开始开花散粉，称为开花，又叫散粉。

（5）吐丝。雌穗花丝开始露出苞叶，称为吐丝。

（6）成熟。玉米苞叶变黄而松散，子粒剥掉尖冠出现黑层（达到生理成熟的特征）。子粒经过干燥脱水变硬呈现显著的品种特点，称为成熟。

一般试验田或大田，群体达到 50% 以上，作为全田进入各生育时期的标志。此外，生产上常用"大喇叭口期"作为施肥灌水的重要标志，此期的特征是：棒三叶（果穗叶及

其上下两叶）开始甩出而未展开；心叶丛生，上平中空，状如喇叭；雌穗进入小花分化期；最上部展示叶与未展出叶之间，在叶鞘部位能摸出发软而有弹性的雄穗，即所谓大喇叭口。

2. 叶龄、叶面积和叶面积指数的变化

（1）叶龄是判定玉米生育进程的重要指标，据研究玉米叶龄，从第二叶起，其增加数与玉米叶片侧脉数变化相关稳定。可用下式计算，即

$$N = \frac{R_1 + R_2}{2} - 2$$

式中　$N$——叶龄；

$R_1$、$R_2$——某一叶片两边的侧脉数，$R_1$ 与 $R_2$ 相等。

玉米穗位叶以上的叶片，其侧脉往往出现分叉，不易识别，故穗位叶以上的叶，可由下部叶片推知。

另外，玉米叶片还有毛叶与光叶之分。同一品种其变化比较稳定，亦可作为推算大致叶龄的依据，一般早熟品种五光六毛，中晚熟品种七光八毛，因此，在植株上找到光、毛叶分界处，即可确定或推知其叶龄。

（2）叶面积是形成玉米产量的基础，因为玉米的群体光能利用与群体绿叶面积的大小有密切关系。品种不同，主茎叶片数的多少也不同，因而叶面积的大小就有差异。各品种单株叶面积的发展过程是：从出苗到孕穗是上升期；从孕穗到灌浆是稳定期，也是叶面积最大的时期；从灌浆到成熟是下降期。所有品种各叶面积在植株上的分布，都是呈单峰曲线形状，以"棒三叶"面积最大。

（3）一般群体叶面积的大小常用叶面积指数（叶面积与土地面积的比值）来表示，即

$$叶面积指数 = \frac{每亩绿叶面积（m^2）}{666.7（m^2）}$$

为了测定各叶的叶面积，必须在定点样段用红漆标记叶片，并进行叶龄的记载。

3. 光合势和净光合率的测定

（1）光合势是指单位面积土地上的作物群体在整个生育期间或某一生育阶段总共有多少平方米的叶子在进行干物质生产，也就是把群体的叶子按它的功能期折算成"工作日"来衡量它的影响，所以它是叶面积和其工作持续日数的乘积。光合势的单位是 $m^2 \cdot d$，就是说一个群体的叶面积以 $m^2$ 为单位工作的日数。

$$光合势 = \frac{A_1 + A_2}{2} \times D （m^2 \cdot d）$$

式中　$A_1$——某时期开始的一天每亩的叶面积；

$A_2$——某时期最后的一天每亩的叶面积；

$D$——该时期所经历的总天数（两次测定之间的天数）。

（2）净光合率是指每平方米的绿色叶面积每天能生产多少干物质（$g/m^2 \cdot d$），它代表了作物群体的"劳动效率"，所以与作物的产量有直接的关系，其计算方法为

$$净光合率 = \frac{W_2 - W_1}{\frac{1}{2}（A_1 + A_2）\times D} [g/(m^2 \cdot d)]$$

式中　$W_2$、$W_1$——第二次和第一次的干物质重量；

　　　$W_2-W_1$——测定期间内群体干物质重的净增加量，g；

　　　$A_1$、$A_2$——第一次和第二次测定时的绿叶面积，$m^2$；

$\dfrac{1}{2}$（$A_1+A_2$）——测定期间的平均绿叶面积；

　　　　　　　$D$——两次测定之间的天数。

4. 生物产量、经济产量和经济系数的测定

生物产量是植株地上部分干物质的总重量。也就是把玉米一生中合成并积累的全部收获物称为生物产量，计算公式如下：

生物产量=全生育期光合势×每亩全生育期平均净光合率×1/1000（kg/亩）

经济产量为生物产量的一部分，是指玉米子粒的干物质重量，算式如下：

经济产量=每亩生物产量×经济系数

　　　　=（每亩光合势×净光合率）×经济系数×1/1000（kg/亩）

经济系数即经济产量和生物产量的比值，是表示积累物质的分配情况，指干物质向子粒分配的比例。

5. 品种抗病虫性鉴定调查标准

（1）茎腐病、丝黑穗病。乳熟期调查发病株数，以百分数表示。病害级别根据发病株率划分，见表18－1。

表 18－1　　　　　　　　　　　茎腐病、丝黑穗病调查标准

| 分　级 | 描述（茎腐病） | 描述（丝黑穗病） | 抗　性　评　价 |
|---|---|---|---|
| 1 | 病株率 0~1.0 | 病株率 0~1.0 | 高抗 HR |
| 3 | 病株率 1.1~5.0 | 病株率 1.1~5.0 | 抗 R |
| 5 | 病株率 5.1~20.0 | 病株率 5.1~20.0 | 中抗 MR |
| 7 | 病株率 20.1~40.0 | 病株率 20.1~40.0 | 感 S |
| 9 | 病株率 40.1~100 | 病株率 40.1~100 | 高感 HS |

（2）大小斑病。在乳熟期根据植株的发病情况，分 0、0.5、1、2、3、4、5 七级：

0 级——全株叶片无病斑。

0.5 级——全株叶片有少量病斑（占总叶面积的 1% 左右）。

1 级——全株叶片有少量病斑（占总叶面积的 5%~10%）。

2 级——全株叶片有中量病斑（占总叶面积的 10%~20%）。

3 级——植株下部叶片有多量病斑（占总叶面积 50% 以上），出现大量枯死现象，中上部叶片有中量病斑（占总叶面积 10%~25%）。

4 级——植株下部叶片病枯；中部叶片有多量病斑，出现大片枯死现象；上部叶片有中量病斑。

5 级——全株基本枯死。

（3）玉米螟危害调查，以百分数表示。玉米螟抗性鉴定中抗性评价依据心叶期玉米螟为害级别的平均值划分，（表18－2）虫害级别根据玉米螟幼虫在心叶上取食后叶片虫孔

直径大小确定。

表 18 - 2　　　　　　　　　　　　虫害调查标准

| 分　级 | 描　　述 | 抗　性　评　价 |
|---|---|---|
| 1 | 心叶期虫害级别平均为 1.0～2.9 | 高抗 HR |
| 3 | 心叶期虫害级别平均为 3.0～4.9 | 抗 R |
| 5 | 心叶期虫害级别平均为 5.0～6.9 | 中抗 MR |
| 7 | 心叶期虫害级别平均为 7.0～7.9 | 感 S |
| 9 | 心叶期虫害级别平均为 8.0～9.0 | 高感 HS |

6. 常见缺素症的判定

玉米缺磷、缺氮、缺钾、缺锌、缺镁等是常出现的，且影响玉米正常生长发育直至产量。在生产中，一般根据其在植物体上的反应特征，作为诊断的依据。

（1）缺磷。苗期表现生长缓慢，根系发育差，茎秆细弱，茎和叶带有红紫的暗绿色，其紫色主要是缺磷而引起的，叶上常呈现从叶尖沿着叶缘达叶鞘呈深绿而带紫色。

（2）缺钾。幼苗生长发育延缓，叶片呈淡绿色或带黄色条纹，叶尖和边缘坏死。缺钾能使叶尖部开始坏死，沿着叶缘向叶鞘发展，然后再进入叶的中部，致使整个叶片枯萎。

（3）缺锌。苗期新生的叶片失绿呈白色，产生白苗，又称"白芽病"。玉米生长早期，上中部叶片呈暗淡黄色条纹，并由叶基部向中部和叶尖发展，叶的中脉和叶边缘仍保持绿色。

（4）缺镁。先从基部老叶出现症状，在叶脉中间呈现出黄色或橙色条纹，这种条纹出现后形成念珠状白色坏死斑点，最后叶细胞组织坏死。

（5）缺氮。植株生长缓慢，叶片狭小，茎秆细弱，叶片颜色变为淡黄绿色，下部叶片早衰。叶片退绿一般从叶片尖端开始，继之沿着中脉向叶鞘发展，看上去似一个倒 V 字形。

7. 高产长势的形态识别

发育良好的玉米植株，一般具备：叶色浓淡适中，叶片大小适宜，田间整齐度高，无虫害，茎粗系数（茎粗/株高）1％～1.2％，叶片长宽比 10 左右，穗位系数（穗高/株高）40％左右。

四、作业

在学校教学实习田中，人为地创造不同生长类型的玉米群体，在玉米主要的生育时期进行诊断，确定田间管理关键技术。

# 第三节　玉米各生育时期形态特征调查

## 一、生育时期

（1）播种期。即播种日期。

（2）出苗期。种子发芽出土高 1～3cm 的穴数达 50％时。

（3）拔节期。当茎节点长度达 2～3cm，靠近地面用手能摸到茎节，称为拔节，50％

植株达到拔节时，称拔节期。

（4）抽雄期。雄穗尖端露出顶叶的植株达 10％为抽雄始期，达 60％为抽雄盛期。

（5）散粉期。10％植株雄花穗已开始散布花粉时为散粉始期，60％为盛期。

（6）吐丝期。10％植株雌穗已抽出花丝为始期，60％为盛期。

（7）成熟期。一般以 80％以上植株的茎叶变色、籽粒硬化的日期为准。

（8）收获期。成熟后，田间收获日期。

（9）生育日数。由出苗至成熟期之间的日期，分两个阶段记载，一为由出苗至吐丝期，二为吐丝期至成熟期（成熟日数不算在内）。

## 二、形态特征

1. 幼苗性状

（1）叶形分宽大和细长。

（2）叶色分深、浅。

（3）茎色（即叶鞘颜色）分紫、绿。

（4）生长的强弱分上、中、下三级。

2. 植株性状

（1）植株高度。乳熟期测定记载，在全区固定的 10～20 株中（原始材料 10 株，其他试验 20 株，随机选择固定取样株）测定自地面至雄穗顶端的平均高度。

（2）茎粗。测定地面第三节间中部的直径（以最小的直径为准）。

（3）穗位高度。测定地面至第一果穗梗着生节上的平均高度。

（4）空秆率。不结实或穗结实不足 10 粒的植株占全样品植株数的百分率。

（5）果穗长度。将固定的 10～20 株样株收获后，测定各株第一果穗的长度，（穗茎部至果穗顶，包括秃顶）。

（6）果穗秃尖度。果穗秃尖程度以厘米表示之，并计算其所占果穗长度的百分率，以秃尖长占穗长的百分数表示。

（7）穗柄长度。自果穗下端至着生茎秆处之长度。

（8）苞叶长度。测定苞叶长，并测定苞叶长与穗长的比例。

（9）穗粗。以干果穗中部为准，量其直径。

（10）轴粗。以干果穗脱粒后的穗轴中部为准，量其直径。

（11）穗形。分为圆柱形、长锥形、短锥形。

（12）穗行数。数计小区内固定样株（10～20 株）上各果穗上的籽粒行数，以每穗平均行数表示。

（13）行粒数。数计小区内固定样株上各具穗有代表性中的籽粒数，以平均数表示一行粒数。

（14）籽粒类型。分硬粒型、马齿型、半马齿型、糯质型、甜质型、爆裂型、粉质型、有稃型、甜粉型。

（15）籽粒色泽。分黄、白、橙红、紫、深紫等色。

3. 经济性状考查

（1）单株穗重。将固定的样株 10～20 株的果穗收回，称其干果穗平均重量，以克表示。

（2）果穗重。收获时供试小区内全部果穗的重量。

（3）茎秆重。供试小区内剥去果穗后茎秆的重量，kg/亩表示。

（4）籽粒产量。单位面积内收获的果穗，脱粒后，称其籽粒干重，以 kg/亩表示。

（5）籽粒出产率。籽粒重占全部果穗干重的百分率（%）。

（6）一株有效穗数。供试小区内果穗总数，除以小区内总株数的所得数值。

（7）株数。收获期的全区实有株数。

（8）果穗失水率，即

果穗失水率＝（收获时小区果穗重－风干后小区果穗重）×100%/收获时小区果穗重量

（9）千粒重。晒干脱粒后，任取 1000 粒重称重，重复 2～3 次，求其平均值，以克数表示。

（10）籽粒含水量，即

籽粒含水量＝（籽粒烘干前重量－籽粒烘干后重量）×100%/籽粒烘干前重量

（11）籽粒出粉率。籽粒磨制成粉量占原籽粒重量的百分率（一般取样 5kg）。

**三、生育动态及特性鉴定**

1. 叶面积

叶面积＝叶片中脉长度（cm）×叶片最大宽度（cm）×0.7（m²）

式中：0.7 实际数值为 0.69583，为改正系数（即用求积仪度的实际面积与长×宽的面积的比率）。

单株叶面积＝全株各叶片中脉长度与最大宽度乘积之和 cm²×0.7（m²）

叶面积指数＝每亩绿叶面积（m²）/亩

2. 植株的整齐度

植株开花后全区植株生育的整齐度，包括株高、穗长、茎粗等。在乳熟期，分上、中、下三级记载。

3. 果穗的整齐度

将一小区内收获的全部果穗，依其穗长、穗形、色泽、粒型等用自测法评定其整齐度，分上、中、下三级。

4. 植株折断率

因风、虫等灾害而倒折的株数，以百分率表示（果穗上、下部折断的植株分别记载，合并计算）。

5. 倒伏度

在大风雨后及成熟植株倒伏的株数，以百分数表示之，倒伏度分四级：0°（直立），Ⅰ（倾斜 30°），Ⅱ（倾斜≤60°），Ⅲ（倾斜≥60°）。

6. 抗病性

以全区发病株数百分数或发病程度（分重、中、轻、无四级）表示之，并注明病种。

7. 抗螟虫性

根据茎秆上及果穗外部虫孔多少及危害程度分重、中、轻。

# 第四节 玉米产量预测和室内考种

## 一、目的和要求

1. 学习并掌握玉米测产方法。

2. 掌握玉米高产因素及植株性状的考查方法。

3. 学会分析不同栽培措施对产量因素及植株性状的作用和效果。

## 二、工具和设备

皮尺、木折尺、卡尺、感量 0.1g 天平、瓷盘、小台秤、布袋或网兜。

## 三、内容和方法

（一）玉米测产

测产也叫估产，可以分为预测和实测。预测在蜡熟期进行，实测在收获前进行。方法如下。

1. 选点取样

选点取样的代表性与测产结果的准确性有密切关系。为了取得最大代表性的样品，样点应分布全田。一般每块地按对角线取 5 点（根据地块大小和生长整齐情况增减），在点上选取有代表性的植株（即周围植株不过细过密或过高过矮），每点取 5～10 株（实测取30～50 株）。

2. 测定行、株距

计算每公顷实际株数。

行距：每块地量 10～30 行的距离，求出平均行距（m）。

株距：在已选好的取样点处，每点量 1 行，每行量 10～30 株的距离，求出平均株距（m）。

根据行、株距，按下式求出每公顷株数，即

$$每公顷实际株数 = \frac{10000（m^2）}{平均行距（m）\times 平均株距（m）}$$

3. 测定单株有效穗数和穗粒数

单株有效穗数：计数每点所选取的植株（30～50 株）的全部有效穗数（指结实 10 粒以上的果穗），除以植株数即得。

每穗粒数：每点可选有代表性的植株 5～10 株，将其每个有效果穗剥开苞叶数其粒数（可以由籽粒行数与每行籽粒数的乘积求得），最后求出每穗平均粒数。

4. 计算产量

$$单株粒重 = \frac{单株平均粒数 \times 千粒重}{1000（粒）} \times 单株有效穗数$$

$$籽粒产量 = \frac{单株粒重（g）}{1000（g）} \times 每公顷株数（kg/hm^2）$$

其中千粒重可按本品种常年千粒重计算或根据当年生育情况略加修正后计算。

5. 实测

可在临收获前将每点所选取（30～50 株）植株的全部有效果穗取下，脱粒晒干后称重，计算产量。

$$籽粒产量 = \frac{样品粒重（kg）}{取样株数} \times 每公顷株数（kg/hm^2）$$

但是，由于条件限制或其他原因，往往不能等籽粒晒干后确定产量。在这种情况下，可依下式进行计算。

$$籽粒产量 = \frac{样品果穗重（kg）\cdot K}{取样株数} \times 每公顷株数（kg/hm^2）$$

式中　样品果穗重——取样植株全部果穗去掉苞叶后的重量；

$K$——系数，是经验数字，即去掉果穗中穗轴重及晒干时多余的水分而剩下的籽粒重。春夏玉米数值不同。春玉米 $K$ 值为 $0.55 \sim 0.60$，夏玉米 $K$ 值为 $0.50 \sim 0.55$。

（二）植株性状考查

每组取完整植株 $5 \sim 10$ 株，分别考查以下项目并列表记载。

1. 双穗率

单株双穗（指结实 10 粒以上的果穗）以上的植株占整个样品植株数的百分数。

2. 空株率

不结穗，或虽有果穗但结实不足 10 粒的植株占整个样品植株数的百分数。

3. 单株绿色叶面积

当时单株绿色叶片的总面积，为各个叶片中脉长度（cm）×最大宽度（cm）×0.75 的总和（$cm^2$）。

4. 叶面积指数

$$叶面积指数 = \frac{平均单株叶面积（cm^2/株）\times 密度（株/hm^2）}{10000（cm^2/m^2）\times 10000（m^2/hm^2）}$$

5. 株高

自地面至雄穗顶端的高度（cm）。

6. 穗位高度

自地面至最上果穗着生节的高度（cm）。

7. 茎粗

植株地上部第 3 节间中部扁平面的直径（cm）。另外，根据不同要求，可分别量出地上部第 1、2、3 节间的直径（cm）。

8. 果穗长度

果穗基部（不包括穗柄）至顶端的长度（cm）。

9. 果穗粗

距果穗基部（不包括穗柄）1/3 处的直径（cm）。

10. 秃尖度

秃尖长度与果穗长度的百分数。

11. 粒行数

果穗中部籽粒行数。

12. 一穗粒数

一穗籽粒的总数。

13. 果穗重

风干果穗的重量（g）。

14. 穗粒重

果穗上全部籽粒风干重（g）。

15. 穗轴率

$$穗轴率＝（果穗重－穗粒重）/穗重×100\%$$

16. 百粒重

自脱粒的种子中随机取出 100 粒称重（g），要求精度到 0.1g。重复 2 次，如 2 次的相对相差超过允许值 5%，就需要再做一次，取 2 次重量相近的平均。

17. 穗整齐度

样品中按大、中、小穗分别计算其百分率。

四、作业

（1）将测产结果整理归纳，求出单位面积平均产量。

（2）列表填写考查结果，并对考查结果进行分析。

# 第十九章　大豆的形态观察与田间管理

## 第一节　大豆形态特征的识别

### 一、目的要求
掌握大豆品种类型的识别方法。

### 二、材料和用具
（一）材料

大豆各品种类型植株及标本，叶、花、荚果、根系标本。

（二）用具

解剖镜、扩大镜、1/10 天平、卡尺、直尺。

### 三、内容和方法
栽培大豆［*Glycine max*（L.）Merr.］属于豆科（*Leguminosae*）蝶形花亚科（*Papilionoideae*）大豆属。

大豆在我国栽培历史悠久，品种类型繁多。其性状也多种多样。在栽培和育种工作中，主要以下列性状来鉴定品种类型。

（一）株型

按照分枝多少，栽培品种的株型可以分为以下 3 类。

1. 主茎型

主茎发达，植株较高，节数较多，主茎上不分枝或分枝很少，分枝一般不超过 2 个，以主茎结荚为主。

2. 中间型

主茎比较坚韧，一般栽培条件下分枝 3～4 个，豆荚在主茎和分枝上分布较均衡。这种品种在生产上应用最多。

3. 分枝型

主茎坚韧，强大，分枝力强，在一般栽培条件下，分枝数可达 5 个以上。分枝上的荚数往往多于主茎。

（二）叶形

大豆的叶分子叶、单叶和复叶。复叶一般由 3 片小叶组成，中间小叶生在叶柄的尖端，其下对生左右 2 片小叶，3 片小叶在同一水平面上。小叶的形状因品种而异，可分为椭圆形、卵圆形、披针形和心脏形等。

（三）花簇

大豆的花着生在叶腋间及茎的顶端，为短总状花序。花朵簇生在花梗上，叫做花簇。

大豆花簇的大小及每个花簇上花朵的多少因品种而异。不同品种大豆的花簇大小，可以按花轴长短分为3种类型。

1. 长轴型

花轴长10～15cm，每个花簇有10～40朵花。

2. 中轴型

花轴长3～10cm，每个花簇有8～10朵花。

3. 短轴型

花轴短，不超过3cm，每个花簇有3～10朵花。

（四）种子

1. 形状

大豆的种子可以分为球型、椭圆型和扁圆形等。鉴别种子形状用种子的长、宽、厚的相差数为标准。

球形：种子的长与宽相差0.1cm以内，且宽厚相当。

椭圆：种子的长与宽相差0.11～0.19cm，且宽厚相当。

扁圆：种子的宽与厚相差0.25cm以上。

2. 大小

可分为大粒种、中粒种、小粒种。区分的标准通常用百粒重表示，单位为g。

小粒种：百粒重14g以下。

中粒种：百粒重14～20g。

大粒种：百粒重20g以上。

3. 颜色

大豆种皮的颜色可以分为黄、青、褐、黑色及双色5种。种脐颜色可以分为黄白、淡褐、褐、深褐及黑色5种。

（五）生长习性

大豆植株的生长习性分无限生长习性和有限生长习性。

1. 无限生长习性

在幼苗期主茎向上生长时，其基部第1复叶节的腋芽就能够分化而首先开花，以后随着茎的上部各节顺次出现，各节上的腋芽也按先后顺序陆续分化开花。开花顺序是由下而上，在成熟以前主茎可以无限生长。

2. 有限生长习性

开花时间较晚。主茎生长高度超过成株高度1/2以后，才在茎的中上部开始开花，然后向上、向下逐节开花。以后，主茎顶端出现1个大花簇，茎即停止生长。这就是茎生长的有限性。

3. 亚有限生长习性

介于无限和有限生长习性之间而偏于无限习性。植株较高大，主茎较发达。分枝性较差。开花顺序由下而上，主茎结荚较多。在多雨、肥足、密植情况下表现无限习性的特征，在水肥适宜、稀植情况下表现近似有限习性的特征。

**四、作业**

鉴定实验材料品种的主要性状。

# 第二节　大豆、棉花田间测产与室内考种

**一、实习目的**

（1）学习大豆产量测定的标准与方法。

（2）学会利用所测数据，结合当地的实际情况，分析当前生产中存在的问题，为进一步提高大豆产量提出建议。

**二、用具及材料**

皮尺、钢卷尺、托盘天平、电子天平、大田大豆、棉花、尼龙种子袋、标签。

**三、实验内容**

大豆田间测产与室内考种。大豆是豆科作物的典型代表，是山西省主要的豆类作物，是重要的工业原料。学习和掌握大豆测产对农学专业学生非常重要。

大豆田间测产具体方法如下：

（1）在大豆籽粒成熟时，应及时收获。先在测产田中选取测产小区 5 个。用皮尺测定小区的实际面积，面积单位以 $m^2$ 或 $hm^2$ 表示。然后测定每个小区的大豆株数。

（2）每小区选取代表性的植株 10 株，测定表 19 - 1 所示各项指标。

表 19 - 1　　　　　　　　　　形　态　指　标

| 株号 | 株高 | 茎粗 | 分枝数 | 主茎节数 | 主茎节间长度 | 结荚高度 |
|------|------|------|--------|----------|--------------|----------|
| 1 | | | | | | |
| 2 | | | | | | |
| ⋮ | | | | | | |
| 9 | | | | | | |
| 10 | | | | | | |
| 平均 | | | | | | |

把 10 株大豆带入实验室风干，测定表 19 - 2 所示各项指标。

表 19 - 2　　　　　　　　　　大 豆 测 产 指 标

| 株号 | 单株荚数 | 单株粒数 | 单株粒重 | 粒荚比 | 百粒重 | 虫食率 | 病粒率 |
|------|----------|----------|----------|--------|--------|--------|--------|
| 1 | | | | | | | |
| 2 | | | | | | | |
| ⋮ | | | | | | | |
| 9 | | | | | | | |
| 10 | | | | | | | |
| 平均 | | | | | | | |

## 四、实验结果

（1）根据大豆田间测定计算大豆的形态指示。

（2）根据大豆考种结果计算大豆经济产量。

# 第三节　大豆播种质量和苗情调查

## 一、实习目的

掌握大豆播种技术，学会大豆出苗率和幼苗长势调查方法以及大豆幼苗的基本情况。

## 二、原理

在适宜水分和温度条件下，大豆可以萌发出苗。根据设计播种量和实际出苗数量，可以计算大豆出苗率。根据大豆幼苗的考苗情况可以了解大豆苗期的长势，判断大豆播种技术的合理性和下一步田间管理方法。

## 三、实习需要仪器和工具

发芽盒、米尺、剪刀、烘箱、天平。

## 四、方法步骤

（1）取土播种。每位同学取一定量的土壤，播种 100 粒，浇透水，表面放薄薄一层干土。

（2）出苗率调查。根据设计播种量和实际出苗情况，调查大豆出苗率。

（3）洗苗。取 10 株大豆苗，用自来水清洗干净，用滤纸吸干水分。

（4）考苗。在幼苗子叶痕处用剪刀剪断，测量地上株高和地下部分根长，同时称量鲜重，记录数据。用纸将地上和地下部分分别包好，在 75～80℃烘箱中烘干，分别称重。

## 五、结果与讨论

（1）计算大豆出苗率，分析大豆出苗率。

（2）评价大豆幼苗的长势。根据地上和地下部分的长度、鲜重、含水量和干重比评价大豆幼苗生长情况，见表 19－3。

表 19－3　　　　　　　　　记 录 与 计 算 表

| 株号 | 株高（mm） | 节数（个） | 茎粗 | 根长（mm） | 侧根级数 | 地上鲜重（g） | 地上干重（g） | 地下鲜重（g） | 地下干重（g） |
|---|---|---|---|---|---|---|---|---|---|
|  |  |  |  |  |  |  |  |  |  |
|  |  |  |  |  |  |  |  |  |  |
|  |  |  |  |  |  |  |  |  |  |
|  |  |  |  |  |  |  |  |  |  |
|  |  |  |  |  |  |  |  |  |  |
|  |  |  |  |  |  |  |  |  |  |
|  |  |  |  |  |  |  |  |  |  |
|  |  |  |  |  |  |  |  |  |  |
|  |  |  |  |  |  |  |  |  |  |
|  |  |  |  |  |  |  |  |  |  |

根据记录情况，计算出苗率、含水量、干重比。

# 第三篇

## 遗传育种部分

# 第二十章 遗传育种田间试验技术

**实习目的**

通过本实习使学生熟悉并掌握田间试验设计的原则及田间试验设计的种类和方法。

## 第一节 田间试验的原则

### 一、重复

试验中同一处理种植的小区数即为重复次数，若每一处理种植一个小区，则为一次重复，每处理有两个小区称为两次重复。重复的作用：①估计试验误差；②降低误差；③能更准确地进行处理间的比较。

### 二、随机排列

一个区组中每个处理都有同等的机会设置在任何一个试验小区上，避免任何主观成见。进行随机排列，可用抽签法、计算机产生随机数字法或利用随机数字表。随机排列与重复相结合，就能提供无偏的试验误差估计值。

### 三、局部控制

整个试验环境分成若干个相对一致的小环境。再在小环境内设置成套处理，即在田间分范围分地段控制土壤差异等非处理因素，使之对各个试验处理小区的影响达到最大程度的一致。

## 第二节 田间试验的小区技术

### 一、小区面积

在田间试验中，安排一个处理的小块地段称为试验小区，小区面积的大小对于减少土壤差异的影响和提高试验的精确度有相当密切的关系。在一定范围内，小区面积增加，试验误差减少，但减少不是同比例的。试验小区太小也会使得小区误差增大。精确度会由于增大小区面积而提高，但随着减少重复次数而有所损失。增大重复次数可以预期比增大小区面积更有效地降低试验误差。试验小区面积的大小，一般变动范围为 $6\sim60m^2$，而示范性试验的小区面积通常不小于 $330m^2$。在棉花、水稻、小麦育种的 $F_2$ 代，试验小区面积在 $40\sim70m^2$；在 $F_2$ 以后的世代中，株系及品系的比较试验小区面积一般在 $10\sim30m^2$。

### 二、小区形状

小区长度与宽度的比例，适当的小区形状在控制二壤差异提高试验精确度方面也有相当作用。通常情形下，长方形尤其是狭长形小区，容易调匀土壤差异，使小区肥力接近于试验地的平均肥力水平，便于观察记载及农事操作。小区的长宽比可为 $3:1\sim10:1$，其至可达 20：1，依据试验地形状和面积以及小区多少和大小等调整决定。在边际效应值得重视的试验中，方形小区是有利的。

### 三、重复次数

每一处理的试验小区数，试验设置重复次数越多，试验误差越小。多于一定的重复次数，误差减少很慢，精确度增大不大。重复次数的多少，一般应根据试验所要求的精确度、试验地土壤差异大小、试验材料的数量、试验地面积及小区大小等而具体确定。在棉花、水稻、小麦育种中，育种试验圃要求的重复次数为 2～4 次，一般为 3 次。

### 四、对照区的设置

田间试验应设置对照区，作为处理比较的标准。对照应该是当地推广良种或最广泛应用的栽培技术措施。便于在田间对各个处理进行观察比较时作为衡量品种或处理优劣的标准。用以估计和矫正试验田的土壤差异，通常在一个试验中只有一个对照，有时为了适应某种要求，可同时用两个各具不同特点的处理及品种作对照。

### 五、保护行

在试验地周围设置保护行，可以保护试验材料不受外来因素的损害，防止靠近试验田四周的小区受到空旷地的特殊环境影响，使得处理间能有正确的比较。保护行的数目依据作物而定，小区与小区之间一般连接种植，不种保护行。重复之间不必设置保护行，如有需要，亦可种植 2～3 行。保护行种植的品种，可用对照种，最好用比供试品种略为早熟的品种，以便在成熟时提前收割，避免与试验小区发生混杂，减少鸟类等对试验小区作物的危害，便于试验小区作物收获。

### 六、小区排列

整个重复区或区组怎样安排以及小区在区组内的位置，将整个处理小区分配于具有相对同质的一块土地上，称为一个区组。一般试验须设置 3～4 次重复，分别安排在 3～4 个区组上，这时重复与区组相等，每一区组或重复包含有全套处理，称为完全区组。也有少数情况，一个重复安排在几个区组上，每个区组只安排部分处理，称为不完全区组。设置区组是控制土壤差异有效的方法之一，在田间重复或区组可排成一排，亦可为两排或多排，这决定于试验地的形状地势等，特别要考虑土壤差异情况。同一重复或区组内的土壤肥力应尽可能相对一致，而不同重复间可存在差异。小区在各个重复内的排列方式，一般可为顺序排列或随机排列。顺序排列可能存在系统误差，不能作出无偏的误差估计。随机排列是各个小区在重复内的位置完全随机决定，可避免系统误差，提高试验的准确度，还能提供无偏的误差估计。

# 第三节 田间试验设计

### 一、对比法设计

这种设计常用于少数品种的比较试验及示范试验，其排列特点是每一供试品种均直接排列于对照区旁边，使得每一小区可与其邻旁的对照区直接比较。这类设计由于相邻小区特别是狭长形相邻小区之间土壤肥力的相似性，亦可获得较精确的结果，并利于实施与观察。但对照区过多，土地利用率不高。每一重复内的各个小区都是顺序排列，重复排列成多排时，不同重复内小区可排成阶梯式或逆向式，以避免同一处理的各个小区排在一条直线上。

## 二、间比法设计

在育种试验前期阶段如鉴定圃试验供试的品系数多，要求不太高，用随机区组排列困难，可用此法。间比法设计的特点是在一条地上，排列的第一个小区和末尾的小区一定是对照区，每两对照区之间排列相同数目的处理小区，通常是 4～9 个，重复 2～4 次。各个重复可排成一排或多排式。排成多排时，则可采用逆向式。如果一条土地上不能安排整个重复的小区，则可在第二条土地上接下去，但是开始时仍要种一个对照区，称为额外对照。顺序排列设计中各个处理在小区内的安排不随机，所以估计的试验误差有偏性，理论上不能应用统计分析方法进行显著性测验，尤其是有明显土壤肥力梯度时，品种间比较将会发生系统误差。这种试验设计主要用于各种作物前期不稳定世代的筛选试验，如株系或 $F_1$ 组合的筛选试验。

## 三、完全随机设计

将各个处理随机分配到各个试验小区中，每一处理的重复数可以相等或不相等，这种设计对试验单元的安排灵活机动，单因素或多因素试验皆可应用，这类设计分析简便，但是应用此类设计必须试验的环境因素相当均匀，所以一般用于实验室培养及网、温室的盆钵试验，在育种中很少采用。

## 四、随机区组设计

这种设计的特点是根据局部控制的原则，将试验地按照肥力程度划分为等于重复次数的区组，一区组安排一重复，区组内各个都独立地随机排列。这是随机排列设计中最常用而最基本的设计。随机区组在田间布置时，应考虑到试验精确度与工作便利等方面，以前者为主。设计目的在于降低试验误差，宁使区组之间占有最大的土壤差异，而同区组内各个小区间的变异应尽可能小。在通常情况下，采用方形区组和狭长形小区能提高试验精确度。若处理数较多，为避免第一小区与最末小区距离过远，可将小区布置成两排。这种试验设计主要用于各种作物品系比较及品种区域试验中。

## 五、裂区设计

多因素试验的一种设计形式，多因素试验中，如处理组合数不太多，而各个因素的效应同等重要时，采用随机区组设计。如处理数较多而又有一些特殊要求时，往往采用裂区设计。裂区设计与多因素试验的随机区组设计在小区排列上有明显差别。先按照第一个因素设置各个处理的小区；然后在这主处理的小区内引进第二个因素的各个处理的小区。按照主处理所划分的小区称为主区，主区内按照各个副处理所划分的小区称为副区，亦称裂区。从第二个因素来讲，一个主区就是一个区组，但是从整个试验所有处理组合讲，一个主区仅是一个不完全区组。这种设计的特点是主处理分设在主区，副处理则分设于一主区内的副区，副区之间比主区之间更为接近，因而副处理间的比较比主处理间的比较更为精确。这种试验设计在各种作物新品种的栽培措施筛选时采用，包括新品种的水、肥、密度等栽培措施的搭配效果筛选。

## 六、作业

（1）田间试验设计应遵循哪几个原则？

（2）田间试验的小区技术包括哪些方面？

（3）田间试验的常用设计有哪些？

# 第二十一章 棉花的杂交和自交

**实习目的**

通过实习使学生掌握棉花的花器构造和开花习性，掌握棉花的杂交和自交操作过程。

## 第一节 花 器 构 造

棉花属于锦葵科棉属，为常异花授粉作物，一般在正常环境下的异交率为 3%～20%。棉花的枝条分为叶枝和果枝，叶枝的生长和主茎相似，叶枝上不会直接开花结铃，而需先从叶腋长出果枝。果枝的顶芽一般就成为花芽，不再继续生长。果枝的生长是依靠侧芽的发展。棉花的花为单生两性花，位于果枝节上与叶对生。每朵花有花柄，花的外层有苞叶 3 片，中央有 5 个萼片连合成杯状，围绕着花冠基部。花瓣 5 片，呈倒三角形旋转状排列。雄蕊约有 60～100 枚，其花丝基部连合成雄蕊管，并与花冠基部连接，包围在雌蕊的花柱外面。雌蕊位于花中央，柱头 3～5 裂，子房上位，3～5 室，每室内倒生 6～11 个胚珠，每一胚珠受精后发育成 1 粒种子，子房发育成棉铃。

## 第二节 开 花 习 性

棉花一般主茎上有 5～8 片真叶时便开始现蕾，现蕾后 25d 左右开始开花。棉花的开花顺序是先从第一果枝起，以后沿着主茎由下往上，由内向外呈现圆锥形螺旋式开放。一般上下相邻果枝同果节的开花间隔为 2～4d，同一果枝相邻果节的花开花间隔为 5～7d。9：00～10：00 开花最盛，下午 3～4 时后花瓣逐渐枯萎，2～3d 后凋萎脱落。开花受精要求有 20℃以上的温度，最适温度为 25～30℃。

在自然条件下，花粉生活力能维持 24h 左右，开花当天下午花粉生活力就开始减弱，次日上午大部分花粉丧失生活力，柱头生活力一般能维持到开花后第二天。花粉在柱头上经过 8h 左右可达到子房，20～30h 完成受精过程。

## 第三节 杂 交 和 自 交

### 一、根据育种目标确定组合

为了便于杂交和提高杂交结铃率，一般母本种植成 2 行区，并适当放宽株行距。人工杂交时的去雄常用剥冠法，但也可采用剪镊法和麦管切雄法等。为了保持棉花品种纯度，一般棉花应在一个区域种植一个品种，必要时还应人工自交。自交一般用线束法，在开花前进行。

## 二、选株定蕾

在杂交前 1d 16：00，选具有母本品种典型性状，健壮无病虫害的植株。选择第 3～10 果枝的第 1～2 果节上估计次日将开放的花朵，即花冠伸出苞叶颜色呈现鲜黄但仍折叠未开的花朵去雄。

## 三、母本去雄

### （一）剥冠法

拨开苞叶，双手食指抵住花冠基部，拇指从花萼基部撕开，并顺花萼基部慢慢双向扭转，将花萼，花冠连同雄蕊一起剥去，露出子房，花柱和柱头。注意切勿扭断花柱和损伤子房，留下苞叶保护雌蕊。套上粗细适中，上端塞有棉球的麦管或饮料吸管，但麦管应高出柱头 1～2cm。剥下的花冠可置于去雄植株的根部，以作次日授粉时寻觅的标记。

### （二）麦管切雄法

用小剪刀剪去花冠顶部，使得柱头露出。选择适中的麦管从柱头套入，慢慢向下旋转推压，将雄蕊花丝切断，花药脱落，同时将麦管停套在花柱上。

### （三）父本隔离

选择具有父本品种典型性状的植株，选取次日开放的花朵予以隔离。以供次日采集花粉，用长约 10cm 的棉线将选定的花朵顶部扎住，但注意不能扎得太紧以免切断花冠或太松花冠容易张开。如果作自交用，棉线的一端应系住花柄，收获时以示此为自交铃。钳夹法，将回形针略分开成人字形，在花冠顶部向下直夹，以免花朵次日开放，导致花粉混杂。

# 第四节　授　　粉

授粉于去雄后次日 9：00～10：00，盛花期进行，新疆比内地要推迟 2h 以上。采集经隔离的父本花朵，并将花冠剥开翻转，露出花药，待花药开裂散粉时，将母本柱头上所套的麦管取下，然后将父本的花粉涂于母本柱头上，再重新套上麦管隔离。

有时也可在去雄的当天下午，将父本带淡黄色将成熟的花药投入已经去雄母本麦管内，待花药开裂自然授粉。授粉结束后，在花柄基部连同叶柄一起挂上塑料牌，写明组合代号或名称、杂交日期、操作者姓名，并在工作本上做好记录。

# 第五节　管理收获和储藏

对杂交株要加强管理，摘掉老叶、整枝、摘去旁心和具枝上的多余花蕾，改善通风透光条件，注意防治病虫害，以提高结铃率和杂交种子数。

吐絮后，及时将杂交铃连同塑料牌一起收摘，放入种子袋中，晾干后可按照组合剥出棉子，妥善保存，以供下季种植。

**作业**

（1）棉花的花器构造和开花习性有何特征？

（2）棉花的杂交和自交如何具体操作，应注意什么？

# 第二十二章 棉花遗传育种程序

**实习目的**

通过本实习使学生熟悉并掌握我国西北内陆棉区的育种目标，棉花的育种途径和方法，棉花杂交亲本选配、棉花的主要杂交方式，棉花杂交后代处理的主要方法及育种材料田间比较产量试验技术。

## 第一节 西北内陆棉区的育种目标

西北内陆棉区，主要是新疆棉区，包括甘肃河西走廊地区的少量棉田。本区是我国唯一的长绒棉基地，也是国内陆地棉品质最好地区。新疆棉区属于典型大陆性干旱气候，热量资源丰富，雨量稀少，空气干燥，日照充足，年温差日温差大，全部灌溉植棉。

根据自然条件和地域差异，全疆可划分为东疆、南疆和北疆三个亚区。北疆热量条件较差，不小于15℃积温3000~3300℃，只适于种植早熟陆地棉，南疆热量条件好，不小于15℃积温3600~3800℃适于种植早熟海岛棉和中早熟陆地棉，东疆热量条件最好，不小于15℃积温4500~4900℃适于种植中熟海岛棉品种，或晚熟陆地棉品种。本区生态条件特殊，适于本区种植的品种类型应能耐大气干旱，抗干热风，耐盐碱，并对早春、晚秋的低温和夏季高温有较好适应性。对品质类型的要求，早熟陆地棉绒长27~29mm，中早熟陆地棉29~31mm，中长绒陆地棉31~33mm纤维断裂比强度在31cN/tex以上，马克隆值在3.4~4.9之间，早熟海岛棉33~35mm，中熟海岛棉35~37mm，纤维断裂比强度在42cN/tex以上，马克隆值在3.4~4.9之间及相应的其他综合品质指标。早熟棉花生育期为100d左右，中熟棉花为120d左右，晚熟棉花在135d以上。

## 第二节 棉花的育种途径和方法

采用适当的育种方法，可以事半功倍地育成符合育种目标要求的新品种。采用什么途径和方法培育新品种，决定于育种目标，遗传知识，育种规模等因素。育种途径和方法并非一成不变，不同的育种工作者用不同方法都可育成新的品种，说明育种不能拘泥于某一固定模式，但也不是无一定的规律可循，育种工作者应根据实际情况、工作经验灵活运用。

**一、遗传变异的来源**

遗传变异是育种基础，选择是育种主要手段，准确地比较、鉴定和评价育种材料是培育新品种的条件。遗传变异的来源有：存在于推广品种、过时品种和从国内外收集的种质材料，在育种中直接加以利用。随着育种工作的进展，人工创造的变异群体已成为育种重要的遗传变异来源。常用的创造变异群体的方法是杂交，类型间或品种间杂交使得基因重组、累加、互作和分离，创造出大量遗传变异供选择。也可通过杂交将野生种和半野生种基因转移到栽培的四倍体棉种中，扩大遗传基础。

### 二、物理和化学的方法人工诱发变异

应用物理和化学的方法人工诱发变异，也是育种的遗传变异来源，但诱发变异方向不定，有经济价值可利用的变异较少，近年来在棉花育种中已经开始用不同方法建立基因库，以增加选择到符合育种目标植株的几率。基因库可用不同方法建立，如在天然杂交率高的地区种植大量亲本，使亲本间广泛杂交。有些育种工作者应用核雄性不育系简化杂交手续进行亲本间杂交，经过三代杂交创造具有广泛变异的混合群体，供选择之用。这种随机交配群体有利于打破某些性状间的连锁。

### 三、棉花杂种优势利用

棉花种间、品种间或品系间杂交的杂种一代，常有不同程度的优势，如果优势的综合表现优于当地最好的推广品种，即可用于生产，增加经济效益，因此可选配高优势组合应用于生产。选用适当的品种，利用双列杂交的统计方法进行配合力测定，筛选出一般配合力高的品种作杂交亲本，与系列特定品种杂交选出特殊配合力高的组合。其杂种优势明显，在生产上应用的可能性大。陆地棉品种间杂种优势以产量优势最大，纤维品质性状没有突出优势，一般与双亲平均值接近。

## 第三节　杂交亲本选配及杂交方式

### 一、正确选配杂交亲本

正确选配杂交亲本，采用适当杂交方式，是杂种后代中能选到符合育种目标要求材料的前提。杂交的双亲应分别具有育种目标所要求的优良性状。亲本应具有较多的优点，较少缺点，不宜有严重缺点。亲本间优缺点应尽可能互补。具有较多优点的优良品种不一定是优良亲本，优良亲本必须具有目标性状同时又有较好的配合力。选择亲本时不可能都先做配合力试验，育种工作者可根据育种经验掌握一批基本亲本材料，对这些材料有较深入研究和了解，按照育种目标和任务灵活运用。同时不断引进新的亲本材料，研究其主要特性及遗传特点，以扩充和更新基本亲本材料，适应新的和不断提高的育种目标。不仅要选用不同杂交亲本，还要采用不同杂交方式以综合所需要的性状。

### 二、单交

用两个品种杂交，然后在杂种后代中选，单交较其他杂交方法如复交等分离世代短，性状稳定快，但这个方法也有其局限性。整个育种过程中只杂交一次，不利于打破目标性状与不利性状基因间的连锁和增加基因重组频率。但若亲本选配得当，能较好收到良好效果，因此是棉花育种中应用较多的方式。单交组合中，两个亲本可以互作父本或母本，即正反交。正反交的子代主要经济性状一般没有明显差异，即使有差异，一般不影响二代及以后世代的分离选择。很多育种工作者根据育种经验，倾向于将高产优质适应于当地生态条件的本地品种作母本，外来品种作父本，特别是生态类型差别大的双亲杂交更应如此配置，即期望对后代影响较大的品种作母本，影响较小的品种作父本。

### 三、复交

现代育种对品种有多方面改进要求，不仅要求品种产量高，品质优良，还要求改进抗病虫害和抗逆能力等。即使是一方面性状如纤维品质，有时育种目标要求同时改进两个以上品质指标。在此情况下，必须将多个亲本性状综合起来才能达到育种目标要求，单交很难达到要求。有时单交后代虽然目标性状得到了改进，但又带来了新的缺点，需要进一步改进，在此情况下也要求用多于两个亲本进行二次或更多次杂交。这种多亲本、多次杂交方式，称为复交。复交方式比单交所用亲本多，杂种遗传基础丰富，变异类型多，可能将多种有益性状综合于一体，并出现超亲类型。复式杂交育成品种所需年限长，规模大，需要财力、物力较多，杂种遗传复杂，复交 $F_1$ 即出现分离，尽管存在这些问题，但在现代棉花育种中应用日益增多。国内外不少优良品种是采用复交方法育成的。参加复交的亲本对杂交后代的影响大小，因使用的先后顺序不同而不同。参与杂交顺序越后，其影响越大。因此在制定育种计划时，期望对后代影响大的品种应放在杂交亲本顺序的较后进行杂交。参加最后一次杂交的亲本应是综合性状优良的品种。

### 四、杂种品系间互交

杂种品系间互交育种法也是复交的一种形式。作物的经济性状多属于数量遗传性状，受微效多基因控制，希望通过一次杂交，将两个亲本不同位点上的有利基因积累起来并纯合，其概率是很低的；将杂种后代姊妹株或姊妹系再杂交可以提高优良基因型出现的概率。姊妹系间杂交可以重复多次，也可以通过杂交，新增其他杂交组合选系或品种的血缘，使有利基因最大限度综合。杂种品系间互交，可以打破基因间连锁区段，增加有利基因间重组的机会，因此在育种中常用来打破目标性状与不利性状基因的连锁。杂种品系间互交、选择、再互交、再选择的过程实际上是轮回选择的过程。经过杂种品系间互交和选择交替进行的育种过程，使皮棉产量和纤维强力之间的高度负相关改变为正相关。杂种品系间互交和选择轮回的周期愈多，产量和纤维强力间的负相关改变愈明显。杂种品系间互交，使有利基因积累，增加了获得优良植株的机会，互交和选择周期数愈多，选得优良株频率愈高。

### 五、回交育种法

两个品种杂交后，以杂种一代与亲本之一杂交称为回交。从回交后代中选择特定植株再与该亲本杂交，如此重复数次，再经自交、选择育成品种，称为回交育种法。这一方法常用于转移个别性状于一个综合性状优良的品种。在回交中用于多次回交的亲本称为轮回亲本，它是有利性状的接受者，只在第一次杂交时应用的亲本称为非轮回亲本，又称为供体亲本。这个方法在棉花抗病、虫育种中应用较多，回交的次数决定于育种目标及亲本性状差异大小。回交方法也用于选育多系品种。将对不同生理小种抗性基因分别转移于轮回亲本产生农艺性状相似但抗同一病原菌不同生理小种的同质系，经试验各同质系按一定比例混合，即成为对该病原菌多个生理小种具有抗性的多系品种。

## 第四节　棉花杂交后代处理

### 一、系谱法

杂交的目的是扩大育种群体的遗传变异率，以提高选到理想材料的概率。杂交只是整个育种过程的第一步，正确处理和选择杂种后代对育种的成败十分重要。棉花常用的杂种后代处理方法为系谱法和混合种植法。系谱法，杂种一代以选育组合为主，并去除假杂种，棉花杂交种要求产量超过当地对照15％以上，品质性状对照相当或超过对照。自杂种第一次分离世代开始选株，分别种成株行，以后各世代都先选优良株行，在优良株行中选择单株，直到株行不再分离，整齐一致时，选优良株行进行产量比较试验。整个选择过程中，应对材料来源详细记录，以便查对材料来源关系。单株选择时对衣分、株高等遗传率高的性状可早代严格选择，而对铃数、子棉产量、品质性状等遗传率低的性状可高代选择。

## 二、F₂ 代选择

F₂代选择是否正确对以后各世代有很大影响，选株时应着重于遗传率高的性状，如衣分、衣指、纤维长度、强度等。由F₂代入选单株的以后各世代的群体，这类性状平均值仍可保持较高水平；而遗传率低的性状如产量、单株结铃数等，F₂代选产量高，结铃数多的单株，以后各世代这类性状并不一定。因此单株产量F₂代选择时只能作为参考。F₂代选择过严，往往使大量优良基因丢失，获得性状优良系统概率减少。连续单株选择，过分强调系统的一致性，也不利于有利的加性基因的累积，鉴于系谱法存在一些缺点，因此对系谱法作了一些改进。系谱法育成的品种，追溯其亲缘关系，来源于初选的一个单株，遗传学基础相对狭窄，适应性相对较差。

## 三、混合系谱法

混合系谱法是按同一标准选出的家系混合，这些家系同中有异，混系而成的品种群体遗传上基本一致，又有一定异质性，利用系统间的互补效应，提高品种对环境的适应性。混合种植法，这一方法不同于系谱法，在杂种分离世代，按组合混合种植，不进行选择，到F₅代以后，杂种后代基本纯合后，再进行选择，棉花的主要经济性状如产量、铃重等是受多基因控制的数量性状，这些性状易受环境条件影响，早期世代一般遗传率低，选择可靠性低。分离世代按组合混合种植的群体应尽可能大，以防有利基因丢失，使有利基因在以后得以积累和重组。

## 四、混合种植法

混合种植法在混选、混收及混种阶段也有多种不同方法。一种是从F₂开始在同一组合内按类型选株，按类型混合种植，以后各代都在各个类型群体内混选混收混种。另一种方法是以组合为单位，剔除劣株，对保留株的几个内围铃，混合轧花，混合种植。再一种方法是在F₂选株，以后各代按株系混种测产，选出优系，性状稳定后，从优系中选单株，建立株系，优良株系混合成品种。混合种植法另一特点是使杂种群体经受自然选择，有利于发展其抗逆性和适应性。混合种植法虽然克服了系谱法的一些缺点，但如果育种目标是改进质量性状或遗传率较高的数量性状，系谱法在早代进行选择，可起到定向作用，集中力量观察选择少数系，选系比在广大混合群体中选择准确方便，育成品种年限也少于混合种植法，在此情况下系谱法有其优越性，因此采用何种方法处理杂种后代应按育种目标，人力物力情况而定。

# 第五节　育种材料田间比较产量试验技术

在任何育种计划中皮棉产量都是育种者十分重视的性状，纤维产量的遗传评价是否正确，影响育种效果。产量既决定于基因型，也受环境的影响，必须有一定的植株群体并应用试验小区技术，才能正确评价供试材料皮棉产量。在任何育种计划中，最初选择的都是优良单株，这些当选单株可以来自一个不纯的品种、品种间杂交的分离后代或其他种质来源。从一个单株虽然可以估测构成产量的某些因素，例如衣指和铃大小等，但在一个植株基础上，评估皮棉产量变异率，并据以预测其后代皮棉产量无任何实际意义。因此皮棉产量必须在包含有多个育种材料及一定数量植株的较大群体间进行。

## 一、株行试验

当选单株，下年每株种子种一行，行长一般 10～15 米，株行距可略大于生产上所用株行距，以便于观察和选择。在肥力均匀的土地上，每隔 10 行设一对照，对照为当地推广品种的原种。如果试验地肥力不均匀，对照数应适当增多。株行一般不记产量，在生育期分期评选，吐絮期决选，表现很差的株行，全行淘汰。继续分离的优良株行，从中选择优良单株，下年继续株行试验。显著优于对照并已基本稳定不再分离的株行，入选成为品系，下年升入品系预备试验。同时将部分种子种在种子繁殖区进行繁殖。有些育种计划在早期株行试验时即设置重复，进行产量比较，但早期株行数多，设置重复比较产量，工作量太大，同时早期皮棉产量遗传率也不高，因此产量比较一般推迟到较晚世代进行。

## 二、品系预备试验

上年当选株系的种子按小区种植，每小区 3～4 行，行长 10～15m，株行距与一般大田相同，随机区组设计，重复 3～4 次，以当地推广品种的原种为对照。在棉花生育期中，对主要经济性状进行观察记载，在花铃期、吐絮期进行田间评选，一般不作田间淘汰。分次收花测产，并取样考种，数据进行统计学分析。根据产量、考种、性状记载和历次评选结果决选。当选品系各重复小区种子混合，供下年试验用。当选品系如有种子繁殖区，在繁殖区内去杂混收种子用于下年试验和扩大繁殖。品系预备试验可重复进行一年，对品系进一步评价和繁殖种子。

## 三、品系比较试验

品系预备试验中当选的优良品系进入品系比较试验。这一试验应在可能推广的地区内多点进行。供试品系按小区种植，每小区 4～6 行，行长 15～20m，随机区组设计，重复 4～6 次。在棉株生育过程中对农艺性状进行全面细致的观察。每小区收中间 2～4 行，收花后进行测产和考种，数据进行统计学分析。多点试验要考察品系的适应性，适应性窄的品系淘汰。试验可重复 1～2 年。产量最高，适应性广，纤维品质符合育种目标要求的品系繁殖成品种，或将多个优系混合成品种，报请参加国家组织的品种区域试验。

# 第六节　棉花主要育种性状

（1）出苗期：出苗数达全苗数 50％的日期。
（2）现蕾期：现蕾棉株达到 50％的日期。

（3）吐絮期：50％棉株开始吐絮的日期。

（4）开花期：开花棉株达到50％的日期。

（5）全生育期：自播种至50％棉株吐絮所需天数。

（6）第一果枝节位：从子叶节上第一节到第一果枝着生节位的节数。

（7）主茎高度：自子叶节至植株顶端的高度。

（8）果枝数：主茎上已经生成的果枝数。

（9）营养枝数：第一果枝以下的叶枝数。

（10）籽棉总产量：各次收花的总和以克或公斤/亩表示。

（11）皮棉总产量：用籽棉产量乘以衣分后折算的皮棉产量。

（12）霜前花：初霜后一周后以前各次所收籽棉产量作为霜前产量；南方棉区按10月20日前的产量计算。

（13）纤维长度（手工测定）：取每个棉瓣中部一粒籽棉，用籽棉分梳法量长度，求平均绒长除以2，以mm表示。

（14）衣分：皮棉占籽棉的百分率，各小区取100g中期花轧花称皮棉重，计算小样衣分，各小区实收籽棉轧花称皮棉重，计算大样衣分。

（15）籽指：100粒棉籽的重量。

（16）衣指：100粒棉籽上的皮棉重。

（17）主体长度：某个棉样或棉束中含量最多的纤维长度，又叫众数长度。

（18）上半部平均长度：在照影曲线中，从纤维数量轴上50％处做照影曲线的切线，切线与长度坐标轴相交点所显示的长度值。

（19）断裂比强度：纤维束拉伸至断裂时所对应的强度，以未受应变试样每单位线密度所受的力来表示，单位为cN/tex，夹头隔距为3.2mm的HVICC水平。强度小于23.0为很差，23.0～25.9为差，26.0～28.9为中等，29.0～30.9为强，强度不小于31.0为很强。

（20）马克隆值：一定量棉纤维在规定条件下透气性的量度，以马克隆刻度表示，没有单位，是棉纤维线密度和成熟度的综合指标。$C_1$级不大于3.4，$B_1$级3.5～3.6，A级3.7～4.2，$B_2$级4.3～4.9，$C_2$级不小于5.0。

（21）长度整齐度指数：是平均长度和上半部平均长度的比值，用百分率表示。小于77％为很低，77.0％～79.9％为低，80.0％～82.9％为中等，83％～85.9％为高，不小于86.0％为很高。

表22-1为棉花育种主要性状调查记载表。

表 22-1　　　　　　　　　　　棉花育种主要性状调查记载表

| 性状\小区 | 单株 | 第一果枝节位 | 主茎高度 | 果枝数 | 籽棉总产量 | 霜前花百分比 | 纤维长度 | 衣分 | 子指 | 全生育期 |
|---|---|---|---|---|---|---|---|---|---|---|
| 品系/组合1 | 1 | | | | | | | | | |
| | 2 | | | | | | | | | |
| | 3 | | | | | | | | | |
| | ⋮ | | | | | | | | | |
| | $n$ | | | | | | | | | |

| 小区 ＼ 性状 | 单株 | 第一果枝节位 | 主茎高度 | 果枝数 | 籽棉总产量 | 霜前花百分比 | 纤维长度 | 衣分 | 子指 | 全生育期 |
|---|---|---|---|---|---|---|---|---|---|---|
| 品系/组合2 | 1 | | | | | | | | | |
| | 2 | | | | | | | | | |
| | 3 | | | | | | | | | |
| | ⋮ | | | | | | | | | |
| | n | | | | | | | | | |
| 品系/组合3 | 1 | | | | | | | | | |
| | 2 | | | | | | | | | |
| | 3 | | | | | | | | | |
| | ⋮ | | | | | | | | | |
| | n | | | | | | | | | |
| ⋮ | 1 | | | | | | | | | |
| | 2 | | | | | | | | | |
| | 3 | | | | | | | | | |
| | ⋮ | | | | | | | | | |
| | n | | | | | | | | | |
| 品系/组合n | 1 | | | | | | | | | |
| | 2 | | | | | | | | | |
| | 3 | | | | | | | | | |
| | ⋮ | | | | | | | | | |
| | n | | | | | | | | | |

**作业**

（1）我国西北内陆棉区的育种目标是什么？

（2）棉花的育种途径和方法主要有哪几种？

（3）棉花杂交亲本选配应注意什么？

（4）棉花的主要杂交方式有几种，各有何优缺点？

（5）棉花杂交后代处理的主要方法是什么，怎么操作？

（6）育种材料田间比较产量试验如何进行？

（7）棉花育种过程中运用了哪些遗传原理？

# 第二十三章 HVI 大容量纤维测试仪的使用

**实习目的**

HVI 型综合纤维测试仪的原理、HVI 技术指标及 HVI 试验条件。HVI 型综合纤维测试仪的校准、系统测试、模块测试及验收测试过程。HVI 测试仪的日常维护、系统清理、真空箱维护及校准板的维护。

## 第一节 HVI 在世界领域的发展概况

1968 年美国思宾莱（Spinlab）和莫欣控制（Mic）公司联合研制出一台样机，经 10 多年的改进，莫欣控制公司推出了 HVI3000，HVI4030，HVI5000 系列，思宾莱公司推出了 HVI900，HVI900 系列仪器。20 世纪 90 年代乌斯特（Uster）公司兼并了思宾莱和莫欣控制公司，并于 1999 年推出了 HVI spectrum（光谱），2002 年推出了 HVI900 classing（分级）型仪器。HVI 纤维测试仪集成了 Nickerson Hunter 测色仪，长度照影仪，马克隆值仪，斯特洛仪和卜氏仪。

## 第二节 HVI 在我国的发展概况

按照国务院批准的《棉花质量检验体制改革方案》要求，从 2005 年度起，逐步推行棉花质量检验新体制，力争在 5 年内由感官检验过渡到仪器化检验，新体制核心是用 HVI 和棉结仪器进行分级。2005 年 6 月第 11 届上海国际纺织机械展览会上，陕西长岭纺织机电科技有限公司展出了 XJ120 型快速纤维性能测试仪。可以测试纤维长度，强度，伸长率，成熟度，色泽等性能指标，有专家系统对结果进行分析评价棉花品质及其可纺性，指导纺纱过程，预测成纱质量。

## 第三节 乌斯特 HVI 大容量纤维测试仪

乌斯特公司于 1999 年 6 月在巴黎 ITMA 展览会上展出了采用全自动纤维采样系统的 HVI spectrum 综合测试仪，测试人员由两人减为一人，可以测试纤维长度，整齐度，强度，生产率，马克隆值，色泽等级，杂质，回潮率及短纤维等。成熟度指标由强度，马克隆值，伸长率三个指标经回归方程计算得出，与 AFIS 成熟率及显微镜方法得出的结果吻合，可把 NEP TESTER720 棉结仪和 UV 仪器集成在一起。HVI spectrum 仪器的测色部分由白炽灯光源改为氙灯光源，闪烁发光，发热量小，稳定性好，发光强度稳定，预热快。新型电阻回潮率传感器，用回潮率结果对强度测试结果进行修正，短绒率通过对照影图按照经验统计公式计算得出，与 AFIS 的重量加权短绒率测试结果一致。2002 年推出的 HVI900 classing 可在 8h 内测试 800 个样品左右，每个样品测试两次，自动取样设计，可单人操作。2004 年乌斯特公司推出了 HVI1000classing 测试仪。

# 第四节　HVI1000 classing 型综合纤维测试仪

## 一、基本性能与结构

由长度强度模块，马克隆值模块和颜色杂质模块组成。HVI 的原理，固定在梳夹架上的梳夹通过自动取样器获取样品后，由电动机控制移动到样品梳理处对试样进行梳理。扫描测量，形成照影仪曲线，前后夹持器按照指定方式夹住试样进行拉伸。

## 二、长度测量原理

光学系统检测，纤维的光电转换经对数除法处理，形成与纤维数量成正比的电讯号，光电讯号的函数发生器校正，模数转换后形成精确的照影仪曲线可得出长度指标。

## 三、纤维强度测量原理

夹持器在纤维恒定遮光量点上将试样夹住，隔距为 3.2mm，前夹持器不动后夹持器与传感器相连，步进电动机的控制下等速牵引至断裂，形成负荷伸长曲线得出强力值。束纤维重量经光学量及马克隆值修正后而算得。$cN/tex = N \times$ 系数/束纤维重量（mg）。夹持器口处纤维遮光量与参与试验的纤维束重量成正比，与纤维马克隆值有关，马克隆值可用来校正纤维强度值。

## 四、马克隆值测量原理

用气桥原理，气路中低压空气分两路进入气桥，一路经零位计量阀，另一路经校正计量阀和纤维试样筒排出，计量阀和校正阀的气阻固定，纤维塞气阻随着试样不同而变化，气压差传感器上输出与气压差变化成正比的电讯号，线性放大，A/D 转换送入计算机计算马克隆值。另一气路中的高压气体通过电磁阀和汽缸推动多孔塞压缩棉样和试样筒上盖，在测试完后自动打开，据苛仁纳公式，在一定流量气体下纤维试样两端压力差与纤维比表面积的平方成正比，比表面积与成熟度和线密度有关。

## 五、颜色测量原理

颜色包括色相，彩度和明度。纤维可用黄度和明度两个指标表示。白光光束以 45°角射入到棉样表面，在垂直方向上测量棉样表面的反射光，分析光谱成分和反射率。气动加压组件紧压棉样于测试窗口上，保持试样密度一致。反射光由接收器接受。转换成光电信号，由放大器放大，经模数转换，反射光分析成 CIE 标准色度的三刺激值中的 $Y$ 和 $Z$，再算出亨特坐标的 $Rd$ 和 $+b$ 值。$Rd$ 相当于明度，$+b$ 为色坐标中的黄度。

## 六、杂质测量原理

高分辨率的摄像头扫描试样表面，以反射率的高低区分杂质颗粒数，阈值控制在样品表面平均反射率的 30%，低于 30% 的视为杂质。

# 第五节　HVI技术指标

HVI通过专用计算机和程序集成了测色仪，杂质仪，气流仪和照影强力仪，可测试色特征级，长度，整齐度，短绒率，强度，伸长率，杂质，马克隆值和成熟度。

## 一、色特征级

包括反射率和黄色深度，反射率表示棉花样品反射光的明暗程度。黄色深度表示棉花黄色色调的深浅程度。按色特征级分为3类13级，可用两位数字表示，第一位是级别，第二位是类型，类型分为白棉，染污棉和黄染棉。白棉分为6级代号为11，21，31，41，51，61。染污棉分为4级代号为12，22，32，42.黄染棉分为3级代号为13，23，33。

## 二、棉花长度

### （一）三种长度指标

在照影曲线中，从纤维数量轴上50%处做照影曲线的切线，切线与长度坐标轴相交点所显示的长度值。在HVI测试仪中，用上半部平均长度表示棉花长度，以1mm为级距，分8级，28mm为长度标准级，保留一位小数。主体长度是一束棉纤维中含量最多纤维的长度。品质长度是右半部平均长度，比主体长度长的那部分纤维的重量加权平均长度。平均长度是纤维长度的重量加权平均值。即在照影曲线图中，从纤维数量轴100%处做照影曲线的切线，切线与长度坐标轴相交点的长度，见图23-1。

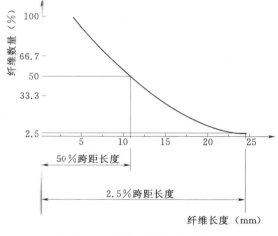

图23-1　纤维长度分布曲线

### （二）跨距长度

属不分组测定的皮棉长度，也称照影仪长度。530型照影仪和HVI900均可测试棉纤维的跨距长度。利用光电转换原理，测定特制梳夹上随机抓取的纤维束的跨距长度。所谓跨距长度，其含义可理解为被夹子随机抓取的纤维，在平直均匀分布状态下，从梳夹根部（以离梳子基部3.8mm的纤维根数为100%）出来的纤维随纤维束的伸展纤维数量逐渐减少，当纤维数量减少到相对应于梳夹根部纤维数量的某百分数时，从梳夹根部至此部位处的纤维距离，称跨距长度（或称跨越长度）。例如，2.5%与50%跨距长度是指纤维数量为基部2.5%或50%时的梳夹移动的距离。

## 三、长度整齐度指数

是平均长度和上半部平均长度的比值，用百分率表示。美国通常用整齐度指数这个指标。小于77%为很低，77.0%～79.9%为低，80.0%～82.9%为中等，83%～85.9%为高，不小于86.0%为很高。整齐度百分比是指50%跨距长度与2.5%跨距长度的比值，细绒棉一般在43%～50%之间。

#### 四、短绒率（Short-Fiber Content，简称 SFC）

指纤维长度短于某一长度界限的纤维重量相对所试纤维总重量的白分率。用 AFIS 可以直接快速测定短纤维含量，一般指短于 16mm 或 19mm 的纤维重量百分率。根据现行规定，所谓某一指定长度（即 $K$ 值长度），是当主体长度大于 31mm 时为 20mm；当主体长度在 31mm 及以下时为 16mm。一般要求陆地棉短纤维含量在 10％ 以下为好。美国将 12.7mm 作为短纤维分界线，此时的短纤维含量在 8％ 以下为好。

#### 五、棉花强伸性

##### （一）断裂比强度

纤维束拉伸至断裂时所对应的强度，以未受应变试样每单位线密度所受的力来表示，单位为 cN/tex，夹头隔距为 3.2mm 的 HVICC 水平。强度小于 23.0 为很差，23.0～25.9 为差，26.0～28.9 为中等，29.0～30.9 为强，强度不小于 31.0 为很强。

##### （二）断裂伸长率

是纤维束拉伸至断裂时的相应伸长与 3.2mm 隔距长度之比，以百分率表示。

#### 六、棉花含杂

杂质粒数是使用杂质仪测试棉花时，从测试窗口上观察到的棉样表面的杂质粒数。杂质面积是棉样表面的杂质总面积与测试窗口面积之比，用百分率表示。

#### 七、马克隆值

一定量棉纤维在规定条件下透气阻力的量度是纤维线密度与成熟度系数的乘积，以马克隆刻度表示。可以分为三级五档，$C_1$ 级不大于 3.4，$B_1$ 级 3.5～3.6，A 级 3.7～4.2，$B_2$ 级 4.3～4.9，$C_2$ 级不小于 5.0。

# 第六节　HVI 试验条件

#### 一、对试验环境的要求

大气条件不低于 GB/T6529 规定的二级标准，温度为 20℃±2℃，相对湿度为 65％±3％，国际上规定温度为 21℃±2℃，相对湿度为 65％±2％，试验过程中用温湿度仪进行监视，温湿度波动极限值为 20℃±5℃，相对湿度为 40％～70％，温度不小于 30℃ 时，必须关闭 HVI 仪器。

#### 二、对电气设备配置的要求

严禁从动力电路供电，具备保护接地线，电压为 240V（50～60Hz）电力箱中一个单独的 15A 熔断器，与 UPS 连接，具备断电保护器（磁铁开关，空气开关和交流接触器）。压缩空气纯净，干燥符合使用要求，具备两级空气过滤器即粗滤和细滤，减压阀，空气压缩机及空气干燥机的压力为 0.7～1MPa，若空气中含有水，油及杂质颗粒会影响试验数据或损坏仪器。

#### 三、对样品制备的要求

因相对湿度升高，长度会变大，纤维强度增加明显，温度对纤维长度强度影响较小，在 10～30℃ 范围内，温度升高 1℃，纤维强力降低 0.3％～0.8％。样品的调湿放置在单层且底部穿孔的样品盒内，在标准温湿度条件下平衡回潮率大于 24h，使得回潮率在 6.5％～8.8％ 之间。

# 第七节　HVI 的操作

## 一、HVI1000 classing 软件

包含系统测试、模块测试、校准、参数设置、系统诊断及验收程序 6 个基本功能。系统测试用于纤维的常规测试，系统测试主菜单中可以输入系统测试参数，也可输入状态参数选项如长度单位、测试次数等。模块测试，长度强度模块包括正常测试、长度 8×8 测试、精确性测试和稳定性测试。马克隆值模块（8×6），颜色杂质模块（8×12）。校准时直到标准棉花样品的标准值不偏移为止。参数设置，大多数参数在初始安装时已设定好，可根据测试要求添加一些新的设置。系统诊断，用于发现问题并修正故障，一般只有 Uster 技术人员有权使用。验证程序，对于新仪器或修好后，需要对仪器进行验证。

## 二、系统测试

各个模块测试可以同时进行，可先输入编号，测试纤维长度，强度及马克隆值，最后测试颜色杂质。长度及杂质颜色测试两次取平均值。马克隆值用于修正长度，整齐度，强度和伸长率，马克隆值必须在样品测试完毕之前完成测试。系统测试数据窗口内的所有参数右侧有数据显示，显示在屏幕上的测试数据为平均值。当 $Rd<40$，$Rd>87$，$+b<4$，$+b>18$，$Mic>6$ 时测试数据超出了批样限制。

## 三、模块测试

模块测试模式允许操作者获得独立检测的试验数据，模块测试中显示了独立的每次测试数据结果及其标准差和平均值。长度和强度模块测试，可选择正常测试，长强 8×8 测试，精密度测试，稳定性测试，可设定一个样品的循环测试次数。马克隆值模块测试样品重量在 9.5～10.5g 之间，一个样品可循环测试 20 次。颜色杂质模块测试。

## 四、校准

### （一）仪器校准的原理

测试标准棉样，色板及杂质板后，由软件计算斜率和偏移量，并与斜率 1.0 以及偏移量 0 比较，使得校准棉的测试值与标准值获得一致。校准指的是值的调整而不是真正的校准，校准长强时，若长度通过了而强度未通过时，则再次校准时仅仅强度的斜率和偏移量改变，长度保持其最初值，不再调整测试值与标准值的允差范围，上半部平均长度的允差为 ±0.3，强度的允差范围为 ±0.7，整齐度的允差范围为 ±1.0，如果参数的平均值在允差范围内时将显示这个校准通过。

### （二）长度强度模块校准

有三个校准选项，长强校准，光透镜至断裂点校准，变形量校准。长强校准时对短及长校准棉样各测试 12 次，测试平均值与标准值的允差比较。光透镜至断裂点比较，校准时，若强度出现连续错误，或在试验过程中强度的标准差异偏高，则需要进行光透镜至断裂点的校准，光透镜至断裂点的校准执行后，必须重新进行校准长度和强度。变形量校准，目的是在断裂伸长率的测试过程中，测试和纠正出现在 HVI1000 classing 仪器上的机械偏差。在夹钳之间插入聚酯薄膜材料进行校准。

（三）马克隆值校准

包括棉花校准、马克隆值标准塞、气流校准及马克隆汽缸校准四个选项。棉花校准时，用高低马克隆值样品称重 10g±0.1g，标准塞，气流及汽缸校准涉及仪器的机械调整，一般由专业维修人员操作。

（四）颜色杂质校准

颜色校准时由软件比较颜色板的颜色和标准值，依次将校准色板放在测试窗口进行测试。杂质校准时按照提示用杂质板进行校准。

# 第八节　验　收　测　试

仪器维修后，为确保参数设置正确，进行验证测试，或新机器初始安装完毕后进行验证。

## 一、四种精密度测试

即长度、强度、马克隆值、颜色和杂质。

## 二、四种稳定性测试

即长强，马克隆值，颜色和杂质。四种验收测试即长强 8×8 测试、马克隆值 8×6 测试、颜色 8×12 测试、杂质 8×12 测试。

## 三、精密度试验

是在模块测试菜单下的测试模式选项中执行，标准环境根据 ASTM 标准即温度 21℃±2℃，相对湿度为 65%±2%，在中国为温度 20℃±2℃，相对湿度为 65%±3%，平衡样品要大于 24h，在验证测试前先对各个模块进行校准通过。

（一）长度、强度及马克隆值精密度测试

用校准棉花重复测试 10 次求平均值。长强精密度测试的平均值和标准差允差为：长度平均值允差±0.41mm，标准差允差 0.31mm。整齐度平均值允差±1.4，标准差允差 0.8。强度平均值允差±1.2cN/tex，标准差允差 1.0cN/tex。马克隆值平均值允差±0.10，标准差允差 0.07。

（二）颜色精密度测试

中心板的反射率平均值偏差±0.4，标准差允差 0.7。黄色深度平均值偏差±0.4，标准差允差 0.7。校准棉花反射率平均值偏差±1.0，标准差允差 0.7。黄色深度平均值偏差±1.0，标准差允差 0.7。杂质精密度测试，杂质板面积平均值偏差±0.25%，标准差允差 0.1%，杂质粒数平均值偏差±5，标准差允差 5，校准棉花板面积平均值偏差±0.25%，标准差允差 0.1%，杂质粒数平均值偏差±5，标准差允差 5。

## 四、稳定性测试

在标准温湿度条件下，用校准棉花和校准板，每个模块循环测试 10 次，考察平均值的允差，每小时测试 1 次，连续进行 6h。

（一）长强稳定性测试

用长、短校准棉花，测试结果长度允差为±0.58mm，强度±1.5cN/tex，整齐度±1.0。马克隆值稳定性测试，用高低两种马克隆值校准棉花，允差为±0.15。

（二）$Rd$、$+b$ 稳定性测试

用中间瓷板和长短两种校准棉花（用瓷板时应关闭压头托盘运动功能以免损坏仪器），结果允差：中心板 $Rd=\pm0.4$，$+b=\pm0.4$；短棉花 $Rd=\pm1.5$，$+b=\pm1.5$；长棉花 $Rd=\pm1.5$，$+b=\pm1.5$。

（三）杂质稳定性测试

面积结果允差：杂质瓷板 $\pm0.25\%$，粒数允差 $\pm5$，6 号杂质棉花板，面积允差 $\pm0.25\%$，粒数允差 $\pm5$。验收程序测试，包括长强的 $8\times8$ 测试，马克隆值的 $8\times6$ 测试，颜色的 $8\times12$ 测试，杂质的 $8\times12$ 测试，前一个数字表示每个样品需要测试的次数，后一个数字表示需要测试的样品数量。

# 第九节　HVI 的　维　护

## 一、日常维护

每天全面清洁真空箱、过滤器、毛刷、针布、梳齿轨道、颜色检测窗口、马克隆测试部分及计算机冷却吹风过滤器。

## 二、系统清理

不能用吸尘器在电子元件上吸尘，以免因吸尘造成损坏，对长度强度箱体内及梳齿轨道进行小心吸尘清理。

## 三、真空箱维护

仪器每工作 120h 需要清理一次，保持过滤器每厘米内有 4～8 孔畅通。

## 四、校准板的维护

$Rd$，$+b$ 的标准值改变很小就会对颜色测试影响很大，若校准板上存在指纹与污点也影响校准，从板的后面边缘处抓住以避免留下指纹，一般 2～3 个月清洁一次，保持盛装校准板的盒子的密封和洁净。清洁时在水中加洗涤剂，软布清洁指纹，用温水清洗泡沫和残留物，至少要干燥 24h，用干净的棉布擦亮校准板。

## 五、作业

（1）HVI 型综合纤维测试仪各个测试指标的原理是什么？

（2）HVI 型综合纤维测试仪可测试哪些技术指标？

（3）HVI 型综合纤维测试仪对试验条件有哪些要求？

（4）HVI 型综合纤维测试仪的校准、系统测试、模块测试及验收测试如何进行？

（5）HVI 测试仪的日常维护、系统清理、真空箱维护及校准板的维护如何进行？

# 第二十四章 棉花抗棉铃虫调查

**实习目的**

通过本实习使学生熟悉并掌握棉铃虫成虫诱集调查、第一代和其他各代棉田外的幼虫量调查、幼虫及捕食性天敌调查及大田棉铃虫发生情况普查。了解抗病品种分布情况。

## 第一节　棉铃虫越冬滞育观察

调查方法，冬前在棉铃虫绝大部分 5 龄以上时，在主要寄主棉花、玉米、蔬菜等作物上，各取回 5 龄以上的幼虫 50 头，在室内饲养，观察蛹的滞育率。表 24-1 为棉铃虫越冬基数调查统计表。

**表 24-1　　　　　　　　　　　棉铃虫越冬基数调查统计表**

年　　月　　　　　　单位：　　　　　　　　　调查人：

| 日　　期 | | 地点 | 作物 | 室　内　观　察 | | | | |
|---|---|---|---|---|---|---|---|---|
| 月 | 日 | | | 总虫量 | 化蛹 | 寄生 | 滞育 | 滞育率（%） |
| | | | | 头数 | | | | |
| | | | | | | | | |
| | | | | | | | | |
| 平均 | | | | | | | | |

## 第二节　越冬蛹调查

调查时间，冬前于 10 月中下旬调查 1 次，开春后 3 月下旬至 4 月初调查一次，共调查 2 次。调查方法，取当地棉花、玉米、冬小麦、蔬菜等，每种作物调查面积不少于 100m²，每块田 5 点取样，地边、中间、均能兼顾，田埂上亦随机取 5 点（阴阳面各半），5 点跨距不小于埂长 30%，统计时，蛹量＝田间蛹量/m²×0.9＋田埂蛹/m²×0.1。调查统计出各种寄主作物田平均每平方米棉铃虫蛹数，死亡蛹数，活蛹数，求出棉铃虫越冬总蛹量，将春季调查时挖出的蛹带回，在试验田模拟野外羽化情况，观察羽化率，并将调查汇总，则

$$G=\sum (P\times L\times Q)，E=G\times F$$

式中　$P$ ——某类作物平均每 667m² 的蛹量；

　　　$L$ ——某类寄主作物总面积；

$Q$ ——活蛹率；

$G$ ——开春棉铃虫越冬总蛹量；

$E$ ——开春棉铃虫越冬后总蛾量；

$F$ ——羽化率。

## 第三节　棉铃虫成虫诱集调查

灯光诱蛾观察时将 20W 黑光灯设置于视野开阔的北方。4 月 10 日开灯，9 月 30 日关灯，记载每天蛾量。杨枝把诱蛾调查，诱蛾时间，6 月初至 9 月底摆放，调查方法，取 10 枝 2 年生杨树枝条，枝条长 67cm 左右，晾萎蔫以后捆成一束，竖立于棉行间，其高度超出棉株 15~30cm，选生长较好的田块 2 块，每块田 10 束。每日日出之前检查成虫，每 7~10d 更换一次，以保持诱蛾效果。性诱剂诱蛾调查，采用全国统一诱芯，以统一规范安放，每日清晨检查诱集到的雄虫数量。

## 第四节　第一代和其他各代棉田外的幼虫量调查

第一代在当地主要寄主包括小麦、蔬菜等作物上进行，调查时间一般应固定在 5 月底 6 月上旬，选晴天、微风的上午进行。调查方法，条播、小株密植作物，以平方米为单位，调查 3 块田，每块 10 点，每点 5m²，单株稀植作物，以株为单位，每块田调查取样 200 株。采用网捕的地区，可以采用网捕法。幼虫龄期分析，在田间进行幼虫调查时，将所得幼虫带回室内，进行龄期分析，为了保证准确性，幼虫数量应不少于 50 头。其他世代棉田外幼虫量调查，调查时间为当大多数幼虫在 4 龄以上时调查一次。卵量调查，取样方法为选有代表性棉田三块，每块地取 5 点，每点取 20 株，定点定株调查，查卵方法为每块田采用定点定株调查方式，二代查棉株顶端及其以下三个果枝上的卵量，三代查群尖和嫩叶上的卵量，坚持每次上午调查，3d 调查一次，始盛期天天调查一次，调查后将卵抹掉。

## 第五节　幼虫及捕食性天敌调查

调查方法为在二代、三代幼虫危害期各选择一块不打药棉田，面积不少于 0.5 亩，采用定株调查，每三天调查一次。寄生性天敌观察方法为在棉铃虫卵的高峰期和幼虫的盛发期，分别从田间采集 50~100 粒卵和 3~6 龄幼虫 50~100 头，在室内进行观察。

## 第六节　大田棉铃虫发生情况普查

卵高峰期普查应根据对棉铃虫发生的有利程度对棉田分类，重点普查一两类棉田的高峰卵量，每块田 5 点取样，每点 20 株，共普查 10~20 块田，幼虫盛发期普查在二代、三代幼虫盛发期，对棉田各进行一次被害情况调查，调查方法与卵高峰期普查相同，主要调查幼虫数量和棉花蕾铃花被害情况，棉铃虫发生程度发生量以平均百株累计、平均百株幼虫量及累计幼蛾量表示，轻度发生指受害允许密度以下的卵量和虫量，中偏轻，指介于发生和中发生之间的卵量和虫量，中发生指多年发生的卵量和虫量的平均值，中偏重指介于中发生和大发生之间的卵量和虫量，大发生指该地区历史上一些高年份卵量和虫量。表24－2为棉铃虫幼虫数量统计表。

表 24－2　　　　　　　　　　　　棉铃虫幼虫数量统计表

　　　　年　　月　　　　　单位：　　　　　　　调查人：

| 日　　期 | | 世代 | 作物 | 作物总面积 | 取样数 | | 幼虫密度 | |
|---|---|---|---|---|---|---|---|---|
| 月 | 日 | | | | 平方米 | 株数 | 每平方米虫数 | 每亩虫数 |
| | | | | | | | | |
| | | | | | | | | |
| | | | | | | | | |

# 第二十五章　棉花抗蚜调查

**实习目的**

通过本实习使学生熟悉并掌握棉蚜苗期系统调查、苗期棉蚜普查、伏期棉蚜及棉蚜天敌调查、天敌单位换算方法及伏期棉蚜普查。了解抗蚜虫品种分布情况。

## 第一节　棉蚜苗期系统调查

调查时间在棉苗5月下旬棉田始见棉蚜至6月25日，选择靠近住宅、菜地、果园等的早播棉田及一般播期棉田共5块田，苗期棉蚜发生期不使用农药或很少使用农药防治。调查取样方法为每块棉田取5点，每点取20株，采用系统调查，每5d调查一次全株蚜虫量，统计百株蚜虫量、有蚜虫株率，当发现有翅若蚜时，分别记载有翅成蚜、有翅若蚜、无翅蚜的数量，当出现棉花卷叶时，统计和记载卷叶株率，卷叶的标准为叶片向内卷1/2为卷叶。表25-1为苗期棉蚜调查统计表。

**表 25-1**　　　　　　　　　　苗期棉蚜调查统计表

年　　　月　　　　　　单位：　　　　　　调查人：

| 日期 | | 真叶数 | 调查株数 | 有蚜株数 | 卷叶株数 | 有翅成蚜 | 有翅若蚜 | 无翅蚜 | 百株蚜量 |
|---|---|---|---|---|---|---|---|---|---|
| 月 | 日 | | | | | | | | |
| | | | | | | | | | |
| | | | | | | | | | |
| | | | | | | | | | |

## 第二节　苗期棉蚜普查

在每次大面积防治前普查10块以上有代表性棉田，按当地类型田比例取样，每块田10点取样，每点随机查20株，调查统计有蚜株数、有蚜株率、卷叶株数及卷叶株率，未防治棉田在棉蚜发生高峰期普查一次。

## 第三节　伏期棉蚜及棉蚜天敌调查

调查时间自伏期棉蚜危害开始至伏期棉蚜危害末期，调查田块选择生长中等偏上棉田一块，发生期不施药或很少施用农药防治。调查方法采用5点取样，每5d调查一次，历年伏蚜严重的地区，必要时可改为 3d 调查一次，每株主茎分上（第一展开叶）、中、下（第一果枝主茎叶）三片叶蚜虫量和蚜霉菌寄生情况，并调查油斑株、卷叶株、计算油斑株率、卷叶株率，对天敌的调查于 9：00 前或 16：00 以后，调查全株天敌发生种类和数量（包括株间和地面）调查株数和点数与调查棉蚜发生情况相同。表 25－2 为伏蚜消长及天敌情况调查表。

表 25－2                   伏蚜消长及天敌情况调查表

年　　　月　　　　　单位：　　　　　　　　　调查人：

| 日期 | 百株蚜量 | 油斑株 | 有蚜株数 | 卷叶株数 | 天敌种类及数量 | | | | |
|------|---------|--------|---------|---------|--------|--------|--------|--------|--------|
| | | | | | 异色瓢虫 | 多异瓢虫 | 黑襟毛瓢虫 | 捕食蝽类 | 大草蛉 |
| | | | | | | | | | |
| | | | | | | | | | |

# 第四节　天敌单位换算方法

异色瓢虫、七星瓢虫、十三星瓢虫等蚜量大的瓢虫成、幼虫都以一个虫体作为一个天敌单位。龟纹瓢虫、多异瓢虫成幼虫，大草蛉、中华草蛉、普通草蛉的幼虫，食蚜蝇的幼虫，拟环狼蛛以两个虫体为一个天敌单位。黑襟毛瓢虫成幼虫，草间小黑蛛以四个虫体为一个天敌单位。捕食蝽类、捕食蓟马以十个虫体作为 1 个天敌单位。被寄生蜂寄生的蚜虫以 120 头僵蚜为一个天敌单位。

# 第五节　伏期棉蚜普查

每次大面积防治前普查 10 块以上有代表性棉田，按当地类型田比例取样，每块田 5 点取样，每点随机调查 20 株，调查统计油斑株率和卷叶株率，未防治棉田在棉蚜发生高峰期普查一次。

# 第二十六章 棉花抗叶螨调查

**实习目的**

通过本实习使学生熟悉并掌握棉田虫情、天敌和棉花被害情况系统定点调查及大田普查。了解抗叶螨的品种分布情况。

## 第一节 棉田虫情、天敌和棉花被害情况系统定点调查

调查时间从棉花齐苗开始至吐絮期结束。调查方法分别在苗期、蕾花期、花铃期三个阶段各定一次调查田，采用Z字取样法，选3块有代表性地（抗虫棉、非抗虫棉、品种等），每块取10个点，每点取10株，于11：00以前和20：00以后调查，苗期查全株，现蕾后每株调查最上主茎展开叶、中、最下果枝位叶。每5d调查一次，记载有螨株数、成螨数、螨害级别和天敌数量。螨害分级标准和计算方法，0级是无危害，1级是叶片出现零星红斑点，红斑面积占叶面积的1/10以下，2级，红斑面积占叶面积的1/10～1/3，3级，红斑面积占叶面积的1/3以上。平均螨害级数＝∑（各级螨害叶数×该级级数）/调查总叶数。表26-1为棉叶螨消长及天敌情况调查表。

表 26-1 　　　　　　　　　　棉叶螨消长及天敌情况调查表

年　　　月　　　　　单位：　　　　　　调查人：

| 日期 | 有螨株数 | 调查株数 | 平均螨害级数 | 百株螨数 | 天敌种类及数量 | | | | |
|------|----------|----------|--------------|----------|------|------|------|------|------|
| | | | | | 六点蓟马 | 花蝽 | 草蛉 | 小瓢虫 | 捕食螨 |
| | | | | | | | | | |
| | | | | | | | | | |
| | | | | | | | | | |

## 第二节　大　田　普　查

普查时间分别于苗期、花蕾期、花铃期棉花叶螨危害高峰期前，各进行一次普查。普查方法为每种类型田普查三块，普查田最少为10块，应特别注意对历年叶螨发生重的棉田进行调查，按Z字形目测踏查，每块田查8～10点，每点查20株，对有危害状的棉株，取主茎上中下各一片叶，记载螨害级别。表26-2为棉田棉花叶螨普查记载表。

**表 26 - 2**　　　　　　　　　　**棉田棉花叶螨普查记载表**

年　　月　　　　　单位：　　　　　　调查人：

| 日期 | 田块序号 | 田块类型 | 螨害株率 | 平均螨害级数 | 各级螨害 | | | | 防治情况 |
|---|---|---|---|---|---|---|---|---|---|
| | | | | | 0 | 1 | 2 | 3 | |
| | | | | | | | | | |
| | | | | | | | | | |
| | | | | | | | | | |

# 第二十七章 棉花抗黄萎病调查

**实习目的**

通过本实习使学生熟悉并掌握棉花黄萎病定点调查、严重度分级标准、剖秆调查病情分级标准及大田普查。当地棉花品种的抗黄萎病情况。

## 第一节 棉花黄萎病定点调查

调查时间在棉花开始现蕾后每5d调查一次，调查田块选择当地去年发病较重病田的地块。调查取样方法，每块田定5点，每点顺行定50株，定点定株分级调查，共查250株，根据调查数据计算发病率和病情指数。

## 第二节 严重度分级标准

棉花黄萎病成株期病情分级标准：0级：健株，无症状；1级：病株叶片1/4以下表现典型病状，即叶片主脉间产生淡黄色或黄色不规则病斑；2级：病株叶片1/4～1/2表现典型病状，病斑颜色大部分变成黄色或黄褐色，叶片边缘略有卷枯；3级：病株叶片1/2～3/4表现典型病状；4级：病株3/4以上叶片发病，叶片大量脱落，至光秆死亡。

## 第三节 棉花黄萎病剖秆调查病情分级标准

0级：木质部洁白无病斑；1级：木质部有少数变色条纹，变色面积占剖面的1/4以下；2级：木质部有多数变色条纹，变色面积占剖面的1/4～1/2；3级：木质部变色面积占剖面的1/2～3/4；4级：木质部变色面积占剖面的3/4以上；注意条田内有无黄萎病发病中心，发病中心面积大小，有无落叶型黄萎病症状等。调查资料的计算为

病情指数＝∑（各严重度级别×各级株数）／（调查总株数×4）

发病率＝调查病株数/调查总株数

表 27-1 为棉花黄萎病定点调查表。

表 27-1　　　　　　　　　　棉花黄萎病定点调查表

年　　　月　　　　　单位：　　　　　调查人：

| 条田号 | 面积 | 品种 | 连作年限 | 种子来源 | 土壤质地 | 调查株数 | 病株数 | 死株数 | 发病率 | 严重度分级 | | | | | 病情指数 | 灌溉方式 |
|---|---|---|---|---|---|---|---|---|---|---|---|---|---|---|---|---|
| | | | | | | | | | | 0 | 1 | 2 | 3 | 4 | | |
| | | | | | | | | | | | | | | | | |

续表

| 条田号 | 面积 | 品种 | 连作年限 | 种子来源 | 土壤质地 | 调查株数 | 病株数 | 死株数 | 发病率 | 严重度分级 | | | | | 病情指数 | 灌溉方式 |
|---|---|---|---|---|---|---|---|---|---|---|---|---|---|---|---|---|
| | | | | | | | | | | 0 | 1 | 2 | 3 | 4 | | |
| | | | | | | | | | | | | | | | | |
| | | | | | | | | | | | | | | | | |
| | | | | | | | | | | | | | | | | |
| | | | | | | | | | | | | | | | | |

# 第四节　大　田　普　查

调查时间因黄萎病在新疆塔里木棉区由于气候原因，一般只有一个明显的发病高峰，即在 7 月中下旬为其发病高峰，调查工作在此时进行，调查地点，对当地历年发生和发生较重的地区进行重点普查，普查的田块尽可能多一些，普查面积一般不低于栽培总面积的 5％，调查取样方法为每块田平行取 8～10 个点，每点查 50 株。病区划分标准：无病区：无病株；零星病区：发病率在 0.5％ 以下；轻病区：发病率在 0.5％～2.0％，没有明显发病中心；中度病区：发病率在 2.1％～5.0％，有较明显发病中心；重病区：发病率在 5.0％ 以上，有明显的发病中心，全田较普遍发病。当发现中心病株后，结合天气预报及时预测发生期，依据历年病情调查情况，结合天气趋势综合分析预测发生程度。

# 第二十八章  棉花抗枯萎病调查

**实习目的**

通过本实习使学生熟悉并掌握棉花枯萎病定点调查、严重度分级标准及大田普查。当地棉花品种的抗枯萎病情况。

## 第一节  棉花枯萎病定点调查

调查时间在棉花苗期开始每 5d 调查一次，调查田块选择当地去年发病较重病田的地块。调查取样方法为采用对角线法取样，每块田定 5 点，每点顺行定 50 株，定点定株分级调查，共查 250 株，根据调查数据计算发病率和病情指数。

## 第二节  严重度分级标准

棉花枯萎病病情分级标准：0 级：健株，无症状；1 级：病株叶片 1/4 以下表现典型病状；2 级：病株叶片有 1/4～1/2 表现典型病状，植株明显矮化；3 级：病株叶片 1/2～3/4 表现典型病状，株型明显矮化；4 级：病株 3/4 以上叶片发病，焦枯脱落，甚至整株出现急性凋萎死亡。棉花枯萎病剖秆调查病情分级标准：0 级：木质部洁白无病斑；1 级：木质部有少数变色条纹，变色面积占剖面的 1/4 以下；2 级：木质部有多数变色条纹，变色面积占剖面的 1/4～1/2；3 级：木质部变色面积占剖面的 1/2～3/4；4 级：木质部变色面积占剖面的 3/4 以上。注意条田内有无枯萎病发病中心，发病中心面积大小。调查资料的计算为

病情指数＝∑（各严重度级别×各级株数）/（调查总株数×4）

发病率＝调查病株数/调查总株数

表 28-1 为棉花枯萎病定点调查表。

**表 28-1**　　　　　　　　　**棉花枯萎病定点调查表**

年　　　月　　　　　　单位：　　　　　　调查人：

| 条田号 | 面积 | 品种或组合 | 连作年限 | 种子来源 | 土壤质地 | 调查株数 | 病株数 | 死株数 | 发病率 | 严重度分级 | | | | | 病情指数 | 灌溉方式 |
|---|---|---|---|---|---|---|---|---|---|---|---|---|---|---|---|---|
| | | | | | | | | | | 0 | 1 | 2 | 3 | 4 | | |
| | | | | | | | | | | | | | | | | |
| | | | | | | | | | | | | | | | | |
| | | | | | | | | | | | | | | | | |
| | | | | | | | | | | | | | | | | |

# 第三节 大 田 普 查

调查时间因枯萎病每个生长季节有两个明显的发病高峰，为准确及时完成此项工作，枯萎病调查需要进行两次，即在 6 月上中旬现蕾期为第一个发病高峰，8 月上中旬左右为另一发病高峰，调查地点，选择有代表性测报点 3～5 个，调查田块选择当地不同主栽品种各一块，调查取样方法为普查的田块尽可能多一些，普查面积一般不低于栽培总面积的 5.0%，每块田平行取 8～10 个点，每点查 10～20 株。病区划分标准：无病区：无病株；零星病区：发病率在 0.5% 以下；轻病区：发病率在 0.5%～2.0%，没有明显发病中心；中度病区：发病率在 2.1～5.0%，有较明显发病中心；重病区：发病率在 5.0% 以上，有明显的发病中心，全田较普遍发病；当发现中心病株后，结合天气预报及时预测发生期，依据历年病情调查情况，结合天气趋势综合分析预测发生程度。

# 第二十九章　水稻遗传育种程序

**实习目的**

通过本实习使学生熟悉并掌握主要水稻育种目标的基本内容和要求，品种间杂交育种和籼粳亚种间杂交育种，亲本选配的原则和世代群体大小，杂种稻的选育途径，水稻育种试验及水稻不同世代群体的种植技术。

## 第一节　水稻育种目标的基本内容和要求

### 一、总的育种目标

选育高产、优质、多抗和适应性强的水稻品种，是我国长期的总体育种目标。从当前和长远考虑，品种应以高产为基础。因此，大面积种植的各类水稻主要品种和杂交稻组合须具有显著的增产性能，但也要注意处理高产与多抗和优质的关系。

我国水稻品种向来具有高产的特色，今后仍应在高产基础上，兼有对主要病害、虫害和逆境的抗御能力，适应性强，并继续全面提高我国稻种的品质水平，威胁我国稻作生产的主要病害包括稻瘟病、白叶枯病、纹枯病、黄矮病、细菌性条斑病、稻曲病，以及稻粒黑粉病等。主要虫害是三化螟、二化螟、褐稻虱、白背飞虱、黑尾叶蝉以及稻瘿蚊等。

### 二、南北稻区的育种目标

南北稻区最重要的逆害是低温和沿海的台风造成的影响。水稻良种没有必要和不可能同时抗御全部主要病虫逆害，但必须能抗御严重限制生产的灾害因素。东北稻区的品种应有较强的抗稻瘟病性能和耐寒性。华中稻区的早中晚稻种应能抗白叶枯病、稻瘟病和稻飞虱。华南稻区的早晚稻要抗稻瘟病、白叶枯病、稻飞虱，早稻育秧期间较耐低温，晚稻扬花期间耐寒露风，沿海地区的品种应具有良好的抗倒能力。

### 三、西南稻区的育种目标

西南稻区的品种应抗稻瘟病、白叶枯病、黄矮病和稻瘿蚊等，在特定的地区常提出抗御病虫逆害的特有育种要求。例如排水不良或常年渍水区，还须谨防纹枯病严重危害，应选育较抗病的品种；山间冷凉、日照少而土质还原性强的稻区，要重视选育耐阴和适于潜育土质品种等。现代高产水稻品种具有半矮秆、良好株型、繁茂性强、对施用氮肥反应敏感。

### 四、水稻品质的育种目标

光周期敏感性较弱是品种具有广泛适应性的基本原因，籼稻品种尤其突出，加上能抗御当地主要病虫逆害，必将进一步增强品种的稳产性能。随着人民生活水平的提高和适应稻米出口需要，稻米商品品质和食用品质日益变得重要。提出高产、优质及多抗的育种目标，颁布了优质食用稻米标准，要求国内食用稻米符合二级标准，出口米达到一级标准。

品质包括碾米加工品质，外观品质，蒸煮食用品质，蛋白质含量属于营养品质。各种品质互有关系，而从改善我国广大人民的生活水平和提高商品价值而论，食用品质和外观品质应是最为主要的。育种目标还涉及品种的生育期要适于作物茬口安排与轮作，减轻逆害；杂交稻须改善不育系的繁殖和杂种种子生产的有关性状，如开花习性、恢复力、结实率和纯度等。各类品种须具有适宜的脱粒性及其他重要形态生理特性等。

## 第二节　品种间杂交育种和籼粳亚种间杂交育种

### 一、品种间杂交育种

品种间杂交指籼稻或粳稻亚种内的品种之间的杂交，而籼稻品种和粳稻品种之间杂交，则称为亚种间杂交。凡亲缘关系近的不同生态型品种间杂交，也属于品种间杂交。品种间杂交育种的主要特点：杂交亲本间一般不存在生殖隔离，杂种后代结实率与亲代相似；亲本间的性状配合较易，杂交性状稳定较快，育成品种的周期较短；利用回交或复交和选择鉴定，较易累加多种优良基因，育成综合性状优良的品种。

我国根据高产或高产与优质多抗相结合的育种目标，20世纪50年代迄今，采用品种间杂交育种方法，育成大批优良品种。早籼稻广陆矮4号（杂交组合是广场3784/陆财号），早粳吉粳系统品种和晚粳秀水系统品种等是部分典型事例。采用品种间杂交育种，品种的更迭较快，产量潜力、稻米品质和抗性逐步得到改善。当今品种间杂交育种是选育高产多抗和优质品种的主要育种方法。杂交亲本的选配、优良种质资源的利用和早代群体优良性状的鉴定选择，均是品种间杂交育种最重要的环节。

### 二、籼粳亚种间杂交育种

籼稻和粳稻是普通栽培稻的两个亚种，彼此间存在生殖隔离或育性不亲和性。我国20世纪50年代开始重视籼粳的杂交育种研究，期望把粳稻的耐寒性。耐肥抗倒、叶片坚硬、不易早衰、不易落粒、出米率高、直链淀粉含量较低、米较软等性状与籼稻的省肥、生长繁茂、谷粒较长等性状结合起来。籼稻与粳稻杂交容易获得杂交种，杂种常表现植株高大，穗大粒多，发芽势强，茎粗抗倒，分蘖势强，根系发达，再生力及抗逆性强。但容易出现结实率偏低，生育期偏长，植株偏高，较易落粒，不易稳定等不良性状。

## 第三节　亲本选配和世代群体

亲本选配的原则：双亲应具有较多的优点，较少的缺点，亲本之间优缺点互补。亲本中有一个适应当地条件的推广良种。亲本之一的目标性状应有足够的强度。为克服亲本一方的主要缺点而选用的另一亲本，其目标性状应有足够强度，遗传率大，能遗传给后代。选用生态类型或亲缘关系或地理位置相差较大的品种组配亲本。亲本具有优异的一般配合力。杂交组合数和杂种群体大小，一般而论，杂交的组合数多和$F_2$代群体大，获得优良基因重组植株机会多。杂种后代选择，产量性状的选择；抗病虫害的选择；品质性状的选择，性状选择时应根据相应的遗传率高低确定选择的时期。育种程序，系谱法；混合系谱法。

# 第四节 杂 种 稻 的 选 育

1973 年我国杂种稻的选育成功，明确了除异花和常异花授粉的作物外，自花授粉作物也可以利用杂种优势。1976 年推广杂种稻以来，杂种稻种植面积越来越大，较常规稻可显著增产 20％左右。杂种稻主要表现在：发芽快，分蘖强，生长势旺盛；根系发达，吸肥能力强；穗大粒多；光合同化和物质积累能力强；遗传背景广，适应性强，尤其对不同土壤类型的适应性，在低产量地区增产幅度大。

## 一、核质互作型雄性不育性的利用

核质互作型雄性不育性的利用，我国的杂种稻主要利用由细胞质和细胞核共同控制的雄性不育性产生杂交种，其机理已经逐渐研究清楚。水稻有孢子体不育和配子体不育两种类型，应用最广的籼稻型不育系都属于孢子体不育系，粳稻型不育系都属于配子体不育。这两种类型都必需具备细胞质不育基因，同时分别具有保持不育的基因。现在发现的野败型不育细胞质 （WAMS）具有两对保持不育的核基因 $rf_1rf_2$ 以及一些修饰基因。

## 二、光温敏核雄性不育性的利用

光温敏核雄性不育性的利用，湖北沙湖原种厂石明松于 1973 年在粳稻农垦 58 大田中发现一株早熟 5～7d 的雄性不育株，在武汉地区 9 月 3 日以前表现不育，9 月 4 日后抽穗开始结实，9 月 8 日以后直至安全抽穗期前，结实趋于正常。当日长在 14h 表现不育，短于 12h 则结实正常。在 16h 的黑暗处理期间，用 5～50Lx 的光照中断 1h 即可影响为不育，所以称为湖北光敏感核不育水稻（HPGMR）。农垦 58S 受到长日和温度互作之下导致不育。迄今农垦 58S 和衍生系统一般还不能在年间气温变动较大的情况下，都能保持稳定的不育性和可育性期间达到 70％～80％以上的结实率，其转育的早籼稻类型，一般更易受到较低温度的影响，导致在不育期间出现结实的现象。有些材料往往受温度高低比日照长短的影响更大，认为是一种温敏不育类型。日照长度受太阳直射地球纬度高低而有规律和稳定的变化，气温则受较多因素的影响，年度间不易保持相对稳定，所以在应用上温敏不育类型不如光敏不育类型方便可靠。育种工作者致力于选育不育临界温度较低又适于自交繁殖光温敏不育系。如果育成良好的光温敏不育系，将对选育杂种稻新组合具有十分重要的前景。

## 三、化学杀雄剂的应用

化学杀雄剂的应用，应用化学药剂处理而导致雄性不育，则将使产生杂交种更为方便，不需要不育系和恢复系。但是化学药剂应无雌性受到损伤以及开花习性异常等副作用。现有化学杀雄剂以甲基砷酸锌和甲基砷酸钠的杀雄效果较好。对籼稻品种一般用 0.015％～0.025％甲基砷酸钠喷洒稻株，粳稻杀雄浓度可稍低。始穗前 10d，花粉母细胞减数分裂期间为有效杀雄期，杀雄生效后 5～7d 会逐渐恢复散粉，所以一般喷药后 7d 左右再以减半剂量喷洒第二次。化学杀雄一般不易得到纯度高的杂交种，还有待筛选杀雄效果更好的杀雄剂。

# 第五节　水　稻　育　种　试　验　技　术

## 一、试验地

水稻田要求土地平坦，保水性好，水源方便，灌排设施齐全，方便稻株正常生长，保证试验质量。试验地要求连片，并且按照试验的需要规划田块，各有固定的田埂。田块的灌排互相独立，以便不同的试验材料，能分别管理。试验地的面积视育种规模及承担的育种任务而定，而试验田块，应能容纳完整的试验项目。例如，品种比较试验有 10 个品系，每个品系种植一小区，小区面积 12m²，重复 3~4 次，则田块面积不应小于 1 亩。参加试验品系越多，面积相应增大。育种规模大的育种机构，试验项目和育种材料多，按照育种任务和目标区划进行试验。试验区注意轮作，培养地力；道路设施便于工作和运输，有利于提高工作效率。

## 二、F₁ 代

由遗传纯合的亲本杂交产生的种子，属于杂种第一世代 $F_1$。杂交种子若当年播种，需要打破种子休眠。种子用 50~55℃ 温度处理 72~120h，对打破休眠有效。剪颖授粉产生的 $F_1$ 种子，播种前宜剥除谷壳，浸种催芽，较易获得全苗。但是剥壳的种子直接播入土中，容易腐烂，需要提高秧田耕整质量。$F_1$ 单苗移栽，混合收获留种，产生杂种第二世代 $F_2$。

## 三、F₂ 代

$F_2$ 代按照组合排列，可种或不种植对照和杂交亲本。株行距放宽，以利于不同基因型个体良好发育，提高选择效果。$F_2$ 群体大小视杂交组合性质及育种目标而异。远缘亲本杂交产生的 $F_2$ 代，性状分离复杂，种植群体应放大。水稻育种从 $F_2$ 起普遍采用系谱法选择，进行性状的追踪。单株（穗）选择，次年（季）种成 $F_3$ 株行。每个株行一小区，单株插植，每 10~20 小区种植一个对照品种。每个株行一般种 100 株左右。从中选择优良株行，并继续在其中选株（穗）。次年（季）种成 $F_4$ 株。如此循环前进，直至性状基本稳定，选择符合育种目标的优良株系，混收产生品系，进行品系鉴定试验。在试验的早期起，抗病、虫、逆害和稻米品质的鉴定，结合进行。

## 四、品系鉴定

品系鉴定试验选用当地主要栽培品种作对照，设重复区，每个品系的面积适当放大，比较鉴定其生产性能和适应性。单苗插秧或少苗，单苗插秧便于继续选择，少苗插秧便于鉴定生产性能。经过试验选出的优良品系，进一步参加省、自治区多点鉴定试验，然后参加省、自治区或国家级的有重复的区域鉴定试验，直至育成品种，后经省、自治区或国家的品种审定委员会审定，给以命名推广。

# 第六节　水　稻　主　要　育　种　性　状

（1）分蘖数：回青期定点 5~10 株调查分蘖基本数，定期计算总分蘖数。
（2）始穗期：全区抽穗 5% 以上的时期。

（3）齐穗期：全区抽穗 50% 以上的时期。

（4）有效穗数：即有效分蘖数，在定点的 5~10 株调查，凡结实率 10 粒以上的分蘖为有效分蘖，白穗可视为受虫害的有效分蘖。

（5）成穗率：有效穗数与总分蘖数的百分比。

（6）株高：调查定点的 5~10 株，由地面量至穗顶部芒不计，分高秆 120cm 以上，中秆 100~120cm，半矮秆 70~100cm，矮秆 70cm 以下。

（7）剑叶长：盛花期调查定点 5~10 株主茎叶枕至叶尖长度取平均值。

（8）剑叶宽：盛花期调查定点 5~10 株主茎剑叶最宽处取平均值。

（9）穗长：定点的 5~10 株收回晒干，从穗茎节至穗顶谷粒处的长度，芒不计，取平均值。

（10）穗枝数：计算每穗枝梗数取平均数。

（11）复枝数：计算每穗第二次枝梗数，每一枝梗应有两粒以上，取平均值。

（12）每穗总粒数：调查定点的 5~10 株的每穗总粒数取平均值。

（13）每穗实粒数：调查定点的 5~10 株的每穗实粒数取平均值。

（14）结实率：每穗实粒数与每穗总粒数的百分比。

（15）脱粒性：用手抓成熟稻穗给予轻微压力，计算谷粒脱落的百分比。

（16）着粒密度：单位厘米粒数，即一穗实粒数与穗长的比值。

（17）生产率：单株的谷粒产量包括空粒与单株重量的比值。

（18）千粒重：随机取干谷 1000 粒称重，取样 3 次。

（19）谷草比：晒干单株谷重与秆草重的比值取平均值。

（20）全生育期：有播种至收获的天数。

（21）谷粒长：取充实稻谷 10 粒，量其长度取平均值。

（22）谷粒宽：取充实稻谷 10 粒，量其宽度取平均值。

（23）谷粒长宽比：稻谷长度与宽度的比值。

（24）米粒长宽比：取完整米 10 粒，量其长度及宽度求长宽比。

表 29-1 为水稻育种主要性状调查记载表。

**表 29-1　　　　　　　　　　水稻育种主要性状调查记载表**

| 性状<br>小区 | 单株 | 分蘖数 | 有效穗数 | 株高 | 每穗<br>实粒数 | 结实率 | 生产率 | 千粒重 | 米粒<br>长宽比 | 齐穗期 |
|---|---|---|---|---|---|---|---|---|---|---|
| 品系/<br>组合 1 | 1 | | | | | | | | | |
| | 2 | | | | | | | | | |
| | ⋮ | | | | | | | | | |
| | n | | | | | | | | | |
| 品系/<br>组合 n | 1 | | | | | | | | | |
| | 2 | | | | | | | | | |
| | ⋮ | | | | | | | | | |
| | n | | | | | | | | | |

**作业**

（1）水稻育种目标的基本内容和要求有哪些内容？

（2）品种间杂交育种和籼粳亚种间杂交育种各有何特点？

（3）亲本选配的原则和世代群体大小如何确定？

（4）杂种稻的选育途径有哪几种？

（5）水稻育种试验有哪些方面的要求？

（6）水稻不同世代群体的种植有何特点？

（7）水稻育种过程中应用了哪些遗传原理？

# 第三十章　玉米的杂交与自交

**实习目的**

通过本实习使学生熟悉并掌握玉米的花器构造和开花习性，玉米的自交和杂交技术。

## 第一节　花　器　构　造

玉米属于禾本科、玉米属，雌雄同株异花授粉作物。雄穗由植株顶端的生长锥分化而成，为圆锥花序，由主轴和侧枝组成。主轴上着生 4～11 行成对排列的小穗，侧枝仅有 2 行成对小穗。成对小穗中，有柄小穗位于上方，无柄小穗位于下方。每个小穗有 2 枚护颖，护颖间着生 2 朵雄花，每朵雄花含有内外颖，鳞被各 2 枚，雄蕊 3 枚，雌蕊退化。

雌穗一般由从上向下的第 6～7 节的腋芽发育而成，为肉状花序。雌穗外被苞叶，中部为一肉质穗轴，在穗轴上着生成对的无柄雌小穗，一般有 14～18 行，每小穗有 2 枚颖片，颖片内有 2 朵雌花，基部的一朵不育，另一朵含雌蕊 1 枚，花柱丝状细长，伸出苞叶之外，先端二裂，整条花柱长满茸毛，有接受花粉能力。

## 第二节　开　花　习　性

玉米雄穗一般抽出后 5～7d 左右便开花散粉。每天 8：00～11：00 开花，以 7：00～9：00 时开花最盛，其开花顺序是先主轴后侧枝。主轴由中上部开始向上向下延伸，侧枝则由上而下开放，始花后 2～4d 为盛花期，一株雄穗花期约为 7～8d。开花的最适宜温度为 25～28℃，最适相对湿度为 70%～90%。温度低于 18℃ 或高于 38℃ 时雄花不开放。花粉生活力在温度为 28.6～30℃ 和相对湿度为 65%～81% 的田间条件下，一般能保持 6h，以后生活力下降，大约可以维持 8h。

一般雄穗散粉后 2～4d，同株雌穗的花丝开始外露。通常以雌穗中下部的花丝先抽出，然后向上向下延伸，以顶部花丝抽出最晚，一般花丝从苞叶中全部伸出约需 2～5d，花丝生活力可以维持 10～15d。但以抽出后 2～5d 授粉结实最好，尚未受精的花丝色泽新鲜，剪短后还可继续生长，但一经受精便凋萎变褐色。

玉米的花粉借风传播，传播距离一般在植株周围 2～3m 内，远的可达 250m。花粉落到花丝上后约需 6h 开始发芽，24～36h 即可受精。

# 第三节　自　交　技　术

## 一、选株

当雌穗膨大从叶腋中露出尚未吐丝时，选择具有亲本典型性状，健壮无病虫害的优良单株。雌穗套袋，先将雌穗苞叶顶端剪去 2～3cm，然后用硫酸纸袋套上雌穗，用回形针将袋口夹牢。剪花丝，如果套袋的雌穗已有花丝伸出，则在下午取下雌穗上所套的纸袋，用经酒精擦过的剪刀将雌穗已经吐出的花丝剪齐，留下长约 2cm，再套回纸袋，待第二天上午授粉。雄穗套袋，在剪花丝的当天下午，用牛皮纸袋将同株的雄穗套住，并使得雄穗在纸袋内自然平展，然后将袋口对称折叠，用回形针卡住穗轴基部固定。

## 二、授粉

雄穗套袋后的第二天上午，在露水干后的盛花期进行。在每次去雄和授粉前用酒精擦剪刀和手，以杀死所蘸花粉。采粉，用左手轻轻弯下套袋的雄穗，右手轻拍纸袋，使得花粉抖落于纸袋内，小心取下纸袋，折紧袋口略向下倾斜，轻拍纸袋，使得花粉集中在袋口一角。取下套在雌蕊上的纸袋，将采集的花粉均匀地散在花丝上，随即套上雌花纸袋，用回形针夹牢，封紧袋口，授粉时动作要快，切忌触动周围植株和用手接触花丝。如果花丝过长，可用浸过酒精的剪刀剪成 6cm 左右即可。

## 三、挂牌登记

授粉后在果穗所在节位挂上塑料牌，用铅笔注明材料代号或名称，自交符号，授粉日期和操作者姓名，并在工作本上作好记录。管理，在授粉后 1 周内，花丝未全部枯萎前，要经常检查雌穗上的纸袋有无破裂或掉落，凡是花丝枯萎前已经破裂或掉落的果穗应予以淘汰。

## 四、收获保存

自交的果穗成熟后应及时收获，将塑料牌与果穗系在一起，晾干后分别脱粒装入种子袋中，塑料牌装入袋内，袋外写明材料代号或名称，并妥善保存，以供下季种植。

# 第四节　杂　交　技　术

玉米杂交育种中有关杂交工作中的套袋、授粉、管理等步骤与自交技术基本相同，所不同的是自交是同株雌雄穗套袋授粉，而杂交所套的雌穗是母本，雄穗则取自父本的另一个自交系或品种。授粉后塑料牌上则注明杂交组合代号或名称。

### 作业

（1）玉米的花器构造和开花习性有何特征？
（2）玉米的杂交和自交如何具体操作，应注意什么？

# 第三十一章 玉米育种程序

**实习目的**

通过本实习使学生熟悉并掌握我国玉米优良自交系的选育，测定玉米自交系的配合力，玉米杂交种的制种过程及各种方式，玉米育种试验技术及我国玉米育种目标。

## 第一节 玉米育种目标

育种目标是育种工作者依据生产需求、种质的状况以及技术改进的特点来制定的，这不仅是一项技术性工作，更显示出对育种工作的策略性管理艺术。玉米育种总的策略是：大幅度提高产量，同时改进籽粒品质，增强抗性以充分发挥玉米在食用、饲料和加工等方面多用途特点，为国内市场提供新型营养食品。

### 一、高产、优质、多抗普通玉米杂交种

高产、优质、多抗普通玉米杂交种的选育。要求是新选育杂交种比现有品种增产 10% 以上或产量相当，但具有特殊的优良性状，大面积每公顷产量达 9000kg 以上，产量潜力达 12000kg/hm² ，籽粒纯黄或纯白，品质达到食用、饲用或出口各项中的至少一项。要抗大斑病、小斑病、丝黑穗病，耐病毒病，不感染茎腐病。

### 二、特殊品质玉米杂交种

特殊品质杂交种的选育，如高赖氨酸玉米，要求籽粒中赖氨酸的总量不低于 0.4%，单产可略低于普通玉米推广杂交种，不发生穗腐或粒腐病，抗大、小斑病，胚乳质地最好为硬质型；高油玉米杂交种，籽粒中的含油量不低于 7.0% ，产量不低于普通推广种 5.0%，抗病性同普通玉米；适时采收的普通甜玉米乳熟期籽粒中水溶性糖含量不低于 8.0%，超甜玉米则要达到 18.0% 以上，穗长在 15cm 以上，分别符合制作罐头、速冻或鲜食的要求，产鲜果穗 7500kg/hm² 以上；青贮青饲玉米的绿色体产量达 52500kg/hm² 以上，适口性较好，还应适当进行爆裂玉米、糯玉米的育种工作，以满足食品行业的需要。开展雄性不育性的利用与鉴定工作。我国地域辽阔，自然条件复杂，玉米栽培遍及全国。根据自然条件、耕作栽培制度等特点，各区的具体情况，制定适宜于本区的具体的玉米育种目标。

## 第二节 优良玉米自交系的选育

### 一、优良自交系应具备的条件

自交系是指从一个玉米单株经过连续多代自交，结合选择而产生的性状整齐一致，遗传性相对稳定的自交后代系统。是人工自交选育出来的，就每一个系来说，其生长势，生活力

是比自交的原始单株减弱了，但在自交过程中，通过自交纯合及人工选择，淘汰了不良基因，使得系内个体具有相对一致的优良基因型，因而在性状上是整齐的，遗传基础上是优良的。来源不同的自交系，各自的遗传基础及性状表现不相同，进行杂交时，使得加性和非加性遗传效应在杂种个体上表现出来，从而使 $F_1$ 表现出杂种优势。杂交种经济性状的优劣，抗病性能的强弱，生育期的长短取决于其亲本自交系相应性状的优劣及自交系间的合理搭配。因此选育优良自交系是选育出优良杂交种的基础，也是玉米育种工作的重点和难点。

玉米的优良自交系必须具备下列基本条件：农艺性状好，植株性状要株型紧凑，株高中等或半矮秆，穗位适中偏低，茎秆坚韧有弹性，根系发达，抗茎部倒折与根倒。抗病虫害，配合力高，产量高，纯合度高。优良自交系的种子发芽势强，幼苗长势旺，易于保苗，雌雄花期协调，吐丝快，结实性好，父本自交系散粉通畅花粉量大，籽粒产量高，减少繁殖与杂交制种面积。选育自交系的基本材料有地方品种，各种类型的杂交种，综合品种以及经过轮回选择的改良群体。选育玉米自交系是一个连续套袋自交并结合严格选择的过程，一般经 5—7 代的自交和选择，就可以获得基因型纯合，性状稳定一致的自交系。

## 二、自交系的选育方法

根据育种目标要求，选择适当的基本材料，尽可能种植较多的基本材料，每材料种植100 株以上，在生长期认真观察，按照育种目标选优良单株套袋自交。每材料自交 10～30穗，优良材料还应增加自交穗数，收获前进行田间总评，淘汰后期不良单株，收获的果穗经室内考种，根据穗部性状进行选择，当选的自交穗分别收藏。按照基本材料的来源及果穗的编号，分别种成小区或穗行，自交 1 代是性状发生剧烈分离的世代，每一小区内部会发生各种性状分离，表现植株变矮，生活力衰退，果穗变小，产量降低，还会出现各种畸形与白化苗。这是对自交系直观性状进行选择的最佳世代，按育种目标对自交系要求，在小区内及小区间进行选择。

抽穗时，在优良的小区中选优良单株套袋自交，再经田间和室内综合考评，当选的自交穗分别收藏。一般经 5～7 代自交，其植株形态，果穗大小，籽粒色泽类型，生育期等等外观性状基本整齐一致，当自交系选择进行到后期世代，可以采用自交与系内姊妹交或系内混合授粉隔代交替的方法保留后代，这样可以保持自交系的纯度，也可避免因长期连续自交导致自交系生活力严重衰退难以在育种中应用的问题。在自交系选育过程中的各世代，不同的穗行来自于上代不同的基本株，穗行间的性状变异大于穗行内的变异，选择时应将重点放在穗行间，先选择表现优良的穗行，再在优良的穗行内选择优良单株套袋自交。来自同一原始单株或同一自交一代的二代穗行称为姊妹行，姊妹行连续选择到后期得到的自交系称为姊妹系，为提高单交种的制种产量，常用姊妹系配制改良单交种。

# 第三节 自交系配合力的测定及杂交种的生产

## 一、自交系的配合力

自交系优劣的另一个重要条件是配合力的高低，无法目测，可通过测定对选系的配合力高低进行判断。配合力是可以遗传的，具有高配合力的原始单株，在自交的不同世代与同一测验种测交，其测交种一般表现出较高的产量。自交原始材料的产量水平和选系配合力的高低有密切关系。自交系配合力的高低和一些产量性状及遗传基础有密切关系，一些高配合力自交系常具有突出优良的产量性状。还受杂种亲本间亲缘关系远近，性状互补和环境条件等因素制约，自交系产量性状只能说明其配合力的一个方面。

原始单株配合力的高低和其自交各代配合力高低是基本一致的，由同一原始单株选育出来的不同姊妹系间配合力变异远小于不同原始单株之间变异，在早代进行一般配合力测定是可行的，便于及早淘汰低配合力单株。配合力测定的时期一般有早代测定和晚代测定，早代测定是在自交同时，各自交株分别与测验种杂交，根据测交产量的高低，作为继续自交的取舍标准。晚代测定由于遗传上已经稳定，容易确定取舍，但工作量较大，肯定优良自交系较晚，往往影响自交系的利用时间。

### 二、测验种的选用

用来测定自交系配合力品种、自交系及单交种等统称为测验种。这种杂交称为测交，其杂种一代称为测交种。一般在早代测定时为了减少测交工作量，常采用品种或杂交种作为测验种以测定一般配合力，晚代测定采用几个骨干自交系测定其特殊配合力。使得配合力测定与杂交组合选配相结合，在测交过程中发现的优良高产组合，便可投入繁殖和制种，以满足生产发展的需要。测定配合力时可以采用双列杂交及 NCⅡ试验设计进行。

为了提高测交的效果，用作测验种的骨干自交系必须是在当地表现优良的、与被测系无亲缘关系的高配合力自交系。同时自交系测验种数目不应过少，这样才能比较可靠地反映被测系的一般配合力和特殊配合力。配合力测定的方法，通常先测定一般配合力，在测定一般配合力之后，再将高配合力的自交系进行特殊配合力的测定。一般采用轮交法，测交种产量比较试验结果，可表示这些系间特殊配合力的高低，也可获得新的优良杂交种。

### 三、自交系间杂交种

自交系间杂交种的选育，玉米杂交种有多种类别，品种间杂交种、品种与自交系间杂交种即顶交种，自交系间杂交种，自交系间杂交种则包括单交种、双交种、三交种和综合种。由于目前玉米生产上主要是自交系间杂交种，并且是单交种为主，世界各国玉米育种工作的重点是选育单交种。单交种的选育，单交种的组配常是结合自交系配合力测定完成的，当采用双列杂交法和多系测交法测定配合力时，可选出若干强优势单交种。在此基础上对这些单交种进一步试验，对这些单交种及其亲本系的有关性状和繁殖制种的难易程度进行分析，最后决选出可能投入生产的几个最优单交种。

改良单交种是加进姊妹系杂交的环节来改良原有的单交种。如 A×B，它的改良单交种有（A×A'）×B、A×（B×B'）、（A×A'）×（B×B'）等三种方式，A'和 B'相应为 A 和 B 的姊妹系，利用改良单交种的原理有两点：利用姊妹系之间遗传成分中微弱的异质性，获得姊妹系间一定程度的优势，使得植株的生长势和籽粒产量有所提高，利用姊妹系之间相似的配合力和同质性，以保持原有杂交种的杂种优势水平和整齐度。所以利用改良单交种，可保持原单交种的生产力和性状，也可增加制种产量，降低种子生产成本。

### 四、三交种和综合杂交种

三交种和三交种的选育，是根据单交种的试验结果组配的，采用双列杂交法取得单交种产量结果后，再按产量测交方法配制出相应的三交种和双交种，还可用优良的单交种作测验种，分别和一组无亲缘关系的优系和单交种测交，配制出双交种和三交种。

综合杂交种的组配，综合杂交种也称综合品种，是由许多按育种目标选定的生育期相近的自交系经充分互交所获的杂种品种，具有广阔的遗传背景和复杂的群体结构。生产上应用的综合杂交种可以为一代、二代，也有用到七八代的。组配综合杂交种的原则：群体应具有遗传成分的多样性和丰富的有利基因位点。群体在组配过程中应全部亲本的遗传成分有均等的机会参与重组。作为原始亲本的自交系数目应较多，一般用10~20个，多者可达数十个。

直接组配，把选定的若干个原始亲本自交系含地方品种各取等量种子混合后，单粒或双粒点播在隔离区中，任其自由授粉，并进行辅助授粉。成熟前只是淘汰少数病株、劣株和果穗，不进行严格选择，尽量保存群体的遗传多样性。间接组配，把选定的若干原始亲本自交系含地方品种按双列杂交方式套袋授粉，配成可能的单交组合，在全部单交组合中各取等量种子混合，于隔离区中自由授粉，只是淘汰病劣株穗，不进行严格选择，收获群体。

# 第四节　玉米育种试验技术

## 一、玉米育种田间试验

玉米育种田间试验，玉米育种工作包括两个阶段，一为从自交系起始的选材、测交选系、鉴定评选优系。二是选优系组配配合力高，抗性强，高产的组合。这些工作都需在田间进行，田间试验工作是育种工作的重要一环。测交选系是前期育种工作的核心，除一般技术性工作外，对测交材料应有2年的资料才能给以正确的评价。早期自交系材料种植的小区，一般行长大于小区的宽度，每一个小区种2~4行为宜，不设重复，在此阶段，除了以仪器和设备辅助以外，育种工作者悉心观察材料，熟悉材料和积累育种工作经验是选的优良自交系的基本条件。育种后期对优良杂交组合的评选，一般采用随机区组设计，重复3~4次，提供组合不应过多，小区长度应大于宽度，每一小区种植4~6行，以得到可靠的评定。组合评选试验一般进行2年，评选出优异组合供区域试验和生产试验。

## 二、玉米区域试验

玉米区域试验，区域试验是对参试杂交种高产、抗性和优良品质进行的中间试验和评价。当前以推广单交种为主，单交种比双交种对环境反应显示更大的多变性，同时单交种与环境的互作效应比双交种大，因此，对单交种的准确鉴定依赖于试验地点和年份的增加，而不是在少数点上增加重复的次数。省市区域试验一般可以采用3~4次重复在多点安排试验，全国区域试验重复次数以4次为宜，要在玉米的不同生态区设点，尽量多设点，以保证试验结果能较准确地反映在各地产量、抗性和品种的表现，获得可信赖的数据，以利推广。

区域试验应有统一的试验方案，参试杂交种的选育过程、产量、抗性的鉴定，尤以产量应有1~2年小区比较的结果；试验的布点要选择有一定技术力量的基层农业科学研究或农业推广的单位，保证试验的可靠性；试验要统一设计，如采用随机区组设计，规定重复次数，试区大小，株行距与每亩种植株数等。对试验记载内容和分析方法也要准确；对品种的描述应突出产量和抗性，以简要文字表达；应分析温度、日期、水分等气象因素年份间的特点。

区域试验的目的是综合分析参试杂交种的产量潜力，抗性优劣和区域适应性。试验结果进行区域联合方差分析，若进行春夏播种两组试验，可进行春夏播种联合方差分析；在此基础上进行稳定性分析。一个理想的高产稳产的杂交种，应该在其种植的各种环境条件下，高于其他杂交种的产量，在大区域范围内往往存在基因型与地点互作，须考虑不同地区各自的最佳品种。区域试验应由主持单位总结，写出年度报告，若两年为一轮的区域试验，主持单位要写出两年的综合报告。

### 三、玉米生产试验

玉米生产试验，生产试验是把经过区域试验评选出的杂交种，再于较大面积上进行产量、抗性和适应性的鉴定。一般参加生产试验的杂交种以 1～2 个为宜，用生产上大面积种植的杂交种为对照进行比较，试点一般以 3～5 个为宜，试区面积每个杂交种应为0.5～1.0 亩，可采用对角排列，二次或二次以上重复，最后由主持生产试验的单位作出总结报告。在生产试验的同时，可对组合进行栽培试验，目的是了解适合新杂交种特点的栽培技术，做到良种良法一起推广。玉米杂交种的鉴定和试验程序并非一成不变，要注意试验、繁殖和推广相结合，对特别优异的杂交组合应尽快越级提升，加快世代繁殖，以缩短育种年限。此外，对有希望推广的优良新杂交种，在试验示范的同时，对亲本自交系也应观察鉴定，以了解其特性，供繁殖制种时参考。

## 第五节　玉米主要育种性状

（1）出苗期：全区发芽出土，苗高约 3cm 的穴数达到 60％以上的日期。

（2）抽雄期：全区 60％以上植株雄穗顶端露出顶叶的日期。

（3）散粉期：全区 60％以上植株的雄穗主轴开始散粉的日期。

（4）抽丝期：全区 60％以上植株的雌穗花丝抽出苞叶的日期。

（5）成熟期：全区 90％以上植株的籽粒硬化，并呈现成熟时固有颜色的日期。

（6）株高：开花后选取有代表性的样本数十株，测量自地面至雄穗顶端的高度，求其平均数。

（7）穗位高：在测量株高的植株上，测定自地面至第一果穗着生节位高度，求其平均数。

（8）主茎叶数：从苗期开始，在第 5 叶片、第 10 叶片、第 15 叶片上作标记，抽雄后连同上部叶片，合计总数，统计数 10 株，求平均数。

（9）双穗率：收获时计数全区结双穗的株数，用占总株数的百分率表示。但第二个果穗太小，结实不超过 10 粒或籽粒未成熟尚处于乳熟期者不作双穗看待。

（10）空秆率：收获时计数全区有穗无粒及 10 粒以下和未熟的植株数，占总株数的百分率表示。

（11）穗长：收获后取有代表性的果穗十穗，应是第一穗，测量穗长包括秃顶，求其平均数。

（12）秃顶长度：用测量穗长的果穗，量其秃顶长度，求其平均值。

（13）秃顶果穗率：用测量穗长的果穗，以秃顶果穗数所占的百分数表示。

（14）穗粗：用量穗长的果穗，量其中部的直径，求其平均数。

（15）每穗行数：用测量穗长的果穗，计数果穗口部的籽粒行数，求其平均数。

（16）每行粒数：用测量穗长的果穗，每穗数一行中等长度的籽粒，求其平均数。

（17）千粒重：用干燥种子两份，每份 500 粒，称重后相加即为千粒重，若两份种子重量相差 4～5g 以上时，须称第三份，以相近的两个数相加得千粒重。

表 31－1 为玉米育种主要性状调查记载表。

**表 31－1** 　　　　　　　　　　**玉米育种主要性状调查记载表**

| 小区＼性状 | 单株 | 株高 | 穗位高 | 空秆率 | 穗长 | 每穗行数 | 每行粒数 | 千粒重 | 秃顶长度 | 成熟期 |
|---|---|---|---|---|---|---|---|---|---|---|
| 品系/组合 1 | 1 | | | | | | | | | |
| | 2 | | | | | | | | | |
| | 3 | | | | | | | | | |
| | ⋮ | | | | | | | | | |
| | n | | | | | | | | | |
| 品系/组合 2 | 1 | | | | | | | | | |
| | 2 | | | | | | | | | |
| | 3 | | | | | | | | | |
| | ⋮ | | | | | | | | | |
| | n | | | | | | | | | |
| ⋮ | 1 | | | | | | | | | |
| | 2 | | | | | | | | | |
| | 3 | | | | | | | | | |
| | ⋮ | | | | | | | | | |
| | n | | | | | | | | | |
| 品系/组合 n | 1 | | | | | | | | | |
| | 2 | | | | | | | | | |
| | 3 | | | | | | | | | |
| | ⋮ | | | | | | | | | |
| | n | | | | | | | | | |

**作业**

（1）简述玉米优良自交系的选育过程。

（2）如何测定玉米自交系的配合力？有几种方法？

（3）玉米杂交种的制种过程有几种方式？各有何特点？

（4）玉米育种试验技术包括哪些内容？如何操作？

（5）我国玉米育种目标有哪些内容和要求？

（6）玉米育种过程中利用了哪些遗传原理？

# 第三十二章 大豆遗传育种程序

**实习目的**

通过本实习使学生熟悉并掌握主要大豆产区的育种目标，自然变异选择育种法，大豆杂交育种方法，杂种群体自交分离世代的选择处理方法及大豆育种的试验技术。

## 第一节 我国主要大豆产区的育种目标

### 一、北方春大豆区

北方春大豆区，包括东北三省、内蒙古、河北与山西北部、西北诸省北部等地。大豆于四月下至五月中旬播种，9月中下旬成熟，育种目标有：相应于各地的早熟性。相应于自然和栽培条件的丰产性。大面积中等偏上农业条件地区品种产量潜力 3750kg/hm²；条件不足、瘠薄或干旱盐碱地区，潜力 3000kg/hm²；水肥条件优良、生育期较长地区，潜力 4500kg/hm²，4900kg/hm²；东北大豆出口量大，籽粒外观品质很重要，要求保持金黄光亮、球形或近球形、脐色浅、百粒重 18～22g，本区以改进大豆油脂含量为主，不低于20%，高含量方向要求超过 23%。蛋白质高含量方向要求 44% 以上。双高育种要求，油脂 21% 以上，蛋白质 43% 以上。抗病性方面主要为抗大豆孢囊线虫、大豆花叶病毒，黑龙江东部要求抗灰斑病、根腐病。抗虫性方面主要为抗食心虫及蚜虫。适于机械作业要求。

### 二、北方夏大豆区

北方夏大豆区，夏大豆在6月中下旬麦收后播种，9月下旬种麦前或10月上中旬霜期来临前成熟收获，全生育期较短。主要目标有：相应于各纬度地区各复种制度的早熟性。丰产性，一般农业条件要求有 3000～3750kg/hm² 的潜力希望突破 4500kg/hm²。籽粒外观品质要求虽然不能与东北相比，但种皮色泽、脐色、百粒重都须改进，油脂含量应提高到 20%，蛋白质含量不低于 40%。高蛋白质含量育种应在 45% 以上，双高育种油脂与蛋白质总量应在 63% 以上。抗病性以对大豆花叶病毒及大豆孢囊线虫的抗性为主。抗虫性包括抗豆秆黑潜蝇及豆荚螟等。耐旱、耐盐碱是本区内部分地区的重要内容。适于机械收获的要求在增强之中。

### 三、南方大豆区

南方大豆区，本区大豆的复种制度多样，主要育种目标有：相应于各地各复种制度的早熟性。丰产性，一般农业条件要求有 2625～3000kg/hm² 的潜力，希望突破 3750kg/hm²。籽粒外观品质包括但种皮色泽、脐色、百粒重等都均须改进，油脂含量应提高到 19%～20%，蛋白质含量不低于 42%。高蛋白质含量育种应在 46% 以上，蔬菜用品种在种皮色、子叶色、百粒重、蒸煮性、荚形大小等有特殊要求。抗病性以对大豆花叶病毒及大豆锈病为主。抗虫性则以抗豆秆黑潜蝇、叶食性害虫及豆荚螟为方向等。

间作大豆地区要求有良好的耐阴性，一些地方要耐旱、耐渍。红壤土酸性地区要求耐铝离子毒性，适于机械收获亦将愈益重要。以上所列为各大豆产区的育种目标的总体要求。各育种单位须在此基础上根据本地现有品种的优缺点及生物与非生物环境条件的特点制订实际的目标和计划。丰产性的成分性状组成、生育期的前后期搭配、抗病虫的小种或生物型、耐逆性的关键时期等都可能各有其侧重。

## 第二节　大豆家系品种选育的主要途径和一般步骤

产生具有目标性状遗传变异的群体；将群体进行天然自交，从中分离优良个体并衍生为家系；多年多点家系试验，鉴定其产量及其他育种目标性状，从中选择优异家系；繁殖种子，审定与示范推广。

## 第三节　遗传变异群体的来源

遗传变异群体的来源有自然发生的，但育种中更重要的则是人工创造的。不论变异群体的来源如何，选育家系品种最基本的环节是从中选择具有各种育种目标性状的优良纯合个体，包括优良单株或由其衍生的优良家系。主基因性状由表型推测基因型的可靠性较高，尤其在纯度高的情况下更有把握；但多基因性状因受环境修饰作用较大，由表型估计基因型的可靠性较低。

不同性状常具有不同遗传率值，同一性状的遗传率值也因选择试验单位大小而不同，单株的、株行的、株系的、有重复小区的遗传率值依次增大些。大豆产量以及产量性状中的单株荚数、单株粒数遗传率较低，尤其在选择试验单位较小时；其他如百粒重、每荚粒数、生育期性状、品质性状等遗传率相对较高。

育种目标是综合的，目标性状的遗传率各不相同。育种试验单位选择总是由单株、株行等逐级扩大。因而从变异群体中选择综合优良个体时，常常对主基因性状、遗传率高的性状在早期世代、选择单位较小时进行选择，而对遗传率低的性状，尤其产量，在后期世代、选择单位增大，遗传率值提高时再进行严格选择。这样不同育种时期或世代将可安排不同的选择重点性状或性状组。

理论上对于多个目标性状进行选择有以下三种方法：

（1）逐项选择法，指每一或几个世代只按一个性状进行选择，以后再换其他性状。

（2）独立选择法，指同一世代对各性状均进行选择，有任一性状不达标准的个体均淘汰。

（3）指数选择法，指同一世代对各性状按一定权数作综合评分，或按一定公式计算综合指数，不达标准分数或指数者淘汰。

前面按遗传率大小安排在一定世代作严格选择的方法有点类似于逐项选择法。实际育种工作中往往综合运用上述三种方法的原则，而且往往具有一定的经验性质。

# 第四节　自然变异选择育种

自然变异选择育种以往曾称为纯系育种法、系统育种法、选择育种法。为避免与杂交育种中用系谱法进行个体选择选育纯系品种相混淆。这种方法，我国 20 世纪 50 年代、60 年代应用较多，曾育成许多优良品种，例如北方春豆区的东农 1 号，北方夏大豆区的徐州 302，南方多播季大豆区的金大 332。自然变异选择育种的基本步骤包括：从原始材料圃中选择单株；选种圃进行株行试验；鉴定圃进行品系鉴定试验；品系比较试验；品种区域适应性试验。

过程包括有单株选择、建立品系、品比试验、繁殖扩大四个环节。由于自然变异群体一般经过多代自交，变异个体大都纯合或只有较低的杂合度，因而通常只须经过 1 代或两代单株选择便可获得纯系，育种年限较短。技术关键，选用适当的原始材料，我国各地均有丰富的地方品种，群体间、群体内均有丰富的自然变异；尤其大豆的天然异交率约为 1.0% 左右，将不断提供重组、变异的机会；再加上近期育成的品种多数为杂交育种的成果，带有杂合或异质的可能性，因而自然变异选择育种这条途径的可行性是始终存在的。关键在于选用适当的原始材料。

通常相近生态条件范围内的地方品种、育成品种对当地条件具有较好的适应性，从中选得的变异个体亦将有较佳的适应性，是常用的原始材料。有效的单株选择，并非变异个体都入选，而应选择有优良特点，有丰产潜力的单株。生育期、抗病性、主茎节数、每荚粒数、百粒重等，单株时期的遗传率较高，表型选择的效果较好。整个生长发育过程中，大豆单株选择一般分三个阶段进行：生长期间按开花期、抗病性、抗逆性、长势长相等进行初选。初选一般只在记载本上说明，特好的可以挂牌标记。成熟期间按成熟期、结荚习性、株高、株型、丰产性进行复选，将入选单株拔回。室内考种后，按籽粒品质、单株生产力结合田间表现进行决选。

株行时期可以根据株行的群体表现进一步鉴定选株后代的各种性状，从而选择具有综合优良特点的株行。株行产量的误差较大，并不能准确反映选株后代的丰产性优劣，通常只作为选择株行的重要参考。精确的产量比较试验，自然变异选择育种最重要的性状还在于群体产量。产量的鉴定主要是精确的田间试验。

# 第五节　杂交育种

杂交育种是大豆育种最主要、最通用、最有成效的途径。我国 20 世纪 60 年代以来育成的新品种，大都由杂交育成，美国 40 年代以来育成的品种亦均由杂交育成。例如北方春大豆区的合丰 25，北方夏大豆区的冀豆 4 号，南方多播季区的南农 73—935 等。

## 一、亲本的选择

亲本及杂交方式，杂交育种的遗传基础是利用基因重组，包括控制不同性状的有益等位基因的重组和控制同一数量性状的增效等位基因间的重组。后者所利用的基因效益包括基因的加性效应和基因间的互作效应，即上位效应。因而一个优良的组合不仅决定于单个亲本，更决定于双亲基因型的相对遗传组成。各亲本基因间的连锁状态也影响一个组合的优劣。一个亲本的配合力是育种潜势的综合性描述，大豆育种中实际利用的是亲本的特殊配合力，一般配合力只是预选亲本的参考依据。

常用的大豆杂交育种亲本均为一年生栽培种，只在少数特殊育种计划中将一年生野生种作为亲本，随着野生亲本中优良基因的发掘，其应用将会增加。迄今尚未有正式利用多年生野生种作亲本的报告。育种家所利用的亲本范围较广泛，尤其常利用最新育成的品种或品系为亲本。这些亲本的原始血缘常来自少数原始亲本。重组育种须选配好两个亲本，选用优点多、缺点少、优缺点能相互弥补的优良品种或品系为性状重组育种的亲本。这类材料在生产上经多年考验，一般具有对当地条件较好的适应性，由它们育成的新品种将有可能继承双亲的良好适应性。适应性的好坏须有多年、多种环境的考验才能检验出来。通过亲本以控制适应性是一捷径。

转移个别性状到优良品种上的重组育种时，具有所转移目标性状的亲本，该目标性状应表现突出，且最好没有突出的不良性状。否则可以选用经改良的具有突出目标性状但没有突出不良性状的中间材料作亲本。育种目标主要为产量或其他数量性状时，着重在性状内基因位点间的重组，所选亲本应均为优良品种或品系，各项农艺性状均好，通过重组而积累更多的增效等位基因并产生更多的上位效应。不同地理来源或生态型差异较大的亲本具有不同的遗传基础，因而可以得到更多重组后的增效位点及上位效应，这种情况下亲本表现有良好的配合力。

**二、杂交方式**

大豆育种者主要采用单交方式，三交的应用正在扩大之中。三交的优点是拓宽遗传基础，加强某一数量性状，改造当地良种更多的缺点，这些依所选亲本性状或基因相互弥补的情况而定。转移某种目标性状的回交育种，通常回交多次。但修饰回交法的应用正在扩展，其优点不仅可转移个别目标性状，而且可改良其他农艺性状。四个亲本以上的复合杂交在育种计划中应用尚不多，但常用于合成轮回选择的初始群体。以上所说的各种交配方式均指亲本为纯系或已稳定的家系。一次交配后，进一步的交配均指以一次交配所获群体或未稳定家系为亲本之一或双亲。

# 第六节　杂种群体自交分离世代的选择处理方法

**一、优良品系的选育过程**

为选育纯合家系，所获杂种群体不论来自多少亲本、何种杂交方式，均须经自交以产生纯合体。自交后群体必然大量分离。理论上亲本间有多个性状、多对基因的差异，加之基因间又可能存在连锁，分离将延续许多世代，最后形成大量经重组的纯合体。但实际上这依亲本间差异大小而定，通常 $F_4$ 以后起植株个体便相对稳定。相对稳定主要指个体不再在形态、生育期等外观性状上有明显的自交分离，至于细微的，尤其数量性状上的自交分离在高世代仍是难以检测的。

为尽早完成自交分离过程，节省育成品种所需时间，在一年一次正常季节播种外，可采取加代措施。加代的方法通常有温室加代及在低纬度热带条件下加代两种。由于南繁地点与育种单位地点自然栽培条件的差异，在南繁地点进行成熟期、株高、抗倒性、产量等方面的选择是无正常效果的；但对种子大小、种子蛋白质及油脂含量、油脂的脂肪酸组成以及对短日照条件反应敏感性等性状的选择则常是相对有效的。限于规模，利用温室加代通常只能容纳少量材料，但常利用温室进行人工控制条件下的抗病虫性鉴定。杂种群体自交分离过程中，须保持相当大的群体才不致丢失优良的重组型个体。为使规模不过大，可在早代起陆续淘汰明显不符合育种目标的个体或组合，但选择强度应视性状遗传率的大小而定。

**二、分离世代的选择处理方法**

大豆育种者对杂种群体自交分离世代的选择处理方法大致可归为两大体系。一是相对稳定后在无显性效应干扰下再作后代选择，包括单籽传法、混合选择法及集团选择法等。另一是边自交分离，边作后代选择，包括系谱法、早代测定法。单籽传法，根据杂种群体自交分离过程中上一世代个体间的变异大于下一世代相立衍生家系内个体间的变异，尽量保证 $F_2$ 世代个体间的变异能传递下去，每一 $F_2$ 单株只收一粒，但全部单株都传一粒，各自交分离世代均按此处理直至相对稳定后从群体中进行单株选择及后代比较鉴定。

（一）单籽传法

采用单籽传法的群体受自然选择的影响极小。典型的单籽传法是每株只传一粒（为留后备种子可收获多套种子）。但单粒收获仍较费时，且由于成苗率的影响，每经一世代群体便将缩小，一些个体的后代便丢失，因而有一些变通的方法。其一是每株摘一荚，规定每荚为三粒型或两粒型，这实际上为一荚传。每群体可以摘重复样本以留后备。另一方法为每株摘多荚，统一荚数，混合脱粒后分成数份，分别作试验或贮备。单籽传法无须作很多考种记载，手续简便，非常适于与南繁加代相结合，因而能缩短育种年限。

（二）混合法与集团选择

混合法与集团选择，混合法收获自交分离群体的全部种子，下年种植其中一部分，每代如此处理，直至达到预期的纯合程度后从群体中选择单株，再进行后代比较鉴定试验。用混合法处理的群体自然选择的影响很大，因不同基因型间在特定环境下存在繁殖率差异。自然选择的作用可能是正向的，也可能是负向的，依环境而定。例如在孢囊线虫疫区，群体构成将可能向抗耐方向发展；在无霜期较长的地区，群体构成将可能向晚熟方向发展。

对自交分离群体可以按性状要求淘汰一部分个体后再混收或选择一部分个体混收，下年抽取部分种子播种，直至相当纯合后再选株建立家系，这种方法即为集团选择法。例如对群体只收获一特定成熟期范围的植株，集团选择均为表型选择，建立家系后才能作基因型选择。混合法和集团选择法手续更简单，但在南繁条件下易受育种场站不同环境的自然选择的干扰。

（三）系谱法

系谱法，从杂种群体分离世代开始便进行单株选择及其衍生家系试验，然后逐代在优系中进一步选单株并进行其衍生家系试验，直至优良家系相对稳定不再有明显分离时，便升入产量比较试验。所以系谱法是连续的单株选择及其后代试验过程，保持有完整的系谱记载。对所选材料经过多代系统考察鉴定把握性较大，由于试验规模限制，在早代便须用较大选择压力，这在诸如抗病性等在早代便可作严格选择的性状是适宜的；而对于诸如单株生产力等遗传率较低的性状，往往由于早代按表型选择时误将优良基因型淘汰而丢失一些优良材料或组合；其次，由于一些育种性状不宜在南繁条件下作严格选择，因而这种情况下系谱法将难以充分利用南繁加代缩短育种年限的好处。

早代测定法，基本过程是在自交分离早代选择并衍生为家系，经若干代自交及产量试验从中选出优良衍生子群体，再从已自交稳定的子群体中选株并进行其后代比较试验。理论上此法可通过早代产量比较将最优衍生系群体突出出来，然后优中选优进一步分离最优纯系。但实际上，早代产量比较受到规模的约束，不可能测验大量衍生群体，可能丢失一批优秀材料。关于早代测定法中多少衍生家系参加产比，每群体进行几个世代产比，并不一致，相对较一致的是一般均用 $F_3$ 衍生群体进行早代测定。鉴于早代表现产量差异包含有一定显性及其有关基因效应成分，不足以充分预测从中选择自交后代的潜力，此法手续不如其他方法简易。

# 第七节　大豆育种的试验技术

## 一、育种程序的小区技术

大豆育种程序的小区技术，育种要求是多目标性状的，由于产量的遗传率低，对它的决选主要通过多年多点有重复的严格比较试验；对于生育期、种子品质等遗传率稍高的性状可以在株行阶段加大选择压力。选育程序过程中，参试材料数由多变少，每个材料可供试验的种子量及试验小区由小变大，选择所依据的鉴定技术由简单的目测法逐步转向精确的田间与实验室技术。

育种既然有经验性，育种圃的设置、各圃小区的规格大小、重复数与试验地点数的多少在总原则一致的情况下具体办法因人因条件而异。从变异群体中选择单株的世代，为保证株间的可比性，行、株距条件应保持一致。并适当放大以使单株充分表现。为防止边际效应干扰，行端单株一般少选或不选；因而行长不宜太短，一般 3～5m，以有效利用土地及试验材料。分离过程中的群体若不作选择而只加代，种植密度可略加大。

## 二、亲本及各世代试验技术

至于杂交亲本圃的设置通常以方便工作作为原则，可以组合为单位父母本相邻种植；也可以一个亲本为主体，接着种植拟与之杂交的其他亲本。为方便行走减少损伤，杂交亲本圃的行距应放宽，0.66m 左右，或在两亲本间空一行，亦可宽窄行种植。杂种圃 $F_1$ 代，因杂种种子量少，常须宽距离精细种植，以保证有较大的 $F_2$ 群体。亲本差异大的组合，$F_2$ 及以后分离世代每组合应有 1000～2000 个单株；亲本差异小的组合 $F_2$ 及以后分离世代群体可减少些。株行区世代，限于单株种子量，一般种植 3～5m 长的单行区，无重复；也有种成穴区的，每穴间距 0.5～1.0m，每穴播 10～15 粒种子，留 8～10 株苗。

株行区世代的选择主要为形态、成熟期、种子等性状，株行区的产量因误差大只能作为参考而不能以产量严格选择。对明显不合格的材料可在田间淘汰，减少收获工作量。一些育种家同时在温室或病圃作抗性鉴定以增强株行世代的选择强度。入选株行区升入产量比较试验。

**三、产量比较试验技术**

第一年产量比较试验在我国称为鉴定圃试验，其目的在于从大量家系中淘汰不值得进一步试验的材料。第二、第三年产量比较试验在我国称为品系比较试验，第二、第三年产量比较试验的目的在于从已经收缩了的供试家系中挑选出值得用以替换现有良种的最佳材料。第一年产量比较试验的供试材料数从 50～200 个家系不等，一般考虑的是供试材料尽量来自多个组合，不全集中在少数组合，以保持相当大的分散性，增大选择余地。不同熟期组的材料可以分组试验。通常在两个地点，每点重复三次，小区 3～5m 长，3～5 行区。鉴于小区间可能出现的边际影响，一些育种者在收获时常除去两个边行及一定长度的行端再计产。第二、第三年乃至第四年产量比较试验的供试材料已紧缩至 10～100 个，常按熟期组分组试验，这两三年间，供试材料一般不变，以观察其年份间的综合表现。在 2 个地点进行，每点重复 3～4 次，小区 3～5m 长，4～7 行区。

产量比较试验所采用的设计，第一年试验可用顺序排列的间比法，一般均采用随机区组设计，参试材料多时可用分组随机区组设计。亦有采用简单格子设计以及其他各种变通的设计。经育种单位产量比较试验，从中育成的优良品系在正式推广前须申请参加品种区域适应性试验，从区域试验中选出的品种须报请省或国家品种审定委员会审定认可，同时亦受到知识产权的保护。

# 第八节 大豆主要育种性状

（1）出苗期：子叶出土的幼苗数达 50% 以上的日期。

（2）成熟期：95% 的豆荚转为成熟荚色，豆粒呈现本色及固定形状，手摇植株豆荚已开始有响声，豆叶已有 3/4 脱落，茎秆转黄但仍有韧性。

（3）生育日数：以当地生产上的实际播种至成熟的日数为标准。

（4）株高：自子叶节至成熟植株主茎顶端的高度。

（5）主茎节数：自子叶节为 0 起至成熟植株主茎顶端的节数。

（6）裂荚性：于完熟期后的晴天 5d 左右，于田间目测计数炸荚百分率。

（7）收获指数：以单株或小区的种粒重量与全株重的百分值，由不计叶重在内的全株重所得出的值称为表观收获指数。

（8）百粒重：随机数取完整正常的种粒 100 粒的克数。

（9）产量：水分下降到 13%～15% 时的小区克数，可折算为每公顷千克数。

（10）食心虫率：一般在室内考种时，以虫食粒重与全粒重的百分比。

（11）孢囊线虫指数：待测材料根系平均孢囊数与感病对照品种平均孢囊数的百分比。

（12）抗豆荚螟性：在当地的适宜播种期下，播种鉴定材料，于大豆结荚期自每份材料采 200 豆荚，剥荚调查被害荚百分率。

表 32－1 为大豆育种主要性状调查记载表。

表 32 - 1　　　　　　　　　　　　大豆育种主要性状调查记载表

| 小区＼性状 | 单株 | 株高 | 主茎节数 | 裂荚性 | 收获指数 | 百粒重 | 成熟期 | 食心虫率 | 粒质 | 抗豆荚螟性 |
|---|---|---|---|---|---|---|---|---|---|---|
| 品系/组合 1 | 1 | | | | | | | | | |
| | 2 | | | | | | | | | |
| | 3 | | | | | | | | | |
| | ⋮ | | | | | | | | | |
| | $n$ | | | | | | | | | |
| 品系/组合 2 | 1 | | | | | | | | | |
| | 2 | | | | | | | | | |
| | 3 | | | | | | | | | |
| | ⋮ | | | | | | | | | |
| | $n$ | | | | | | | | | |
| 品系/组合 3 | 1 | | | | | | | | | |
| | 2 | | | | | | | | | |
| | 3 | | | | | | | | | |
| | ⋮ | | | | | | | | | |
| | $n$ | | | | | | | | | |
| ⋮ | 1 | | | | | | | | | |
| | 2 | | | | | | | | | |
| | 3 | | | | | | | | | |
| | ⋮ | | | | | | | | | |
| | $n$ | | | | | | | | | |
| 品系/组合 $n$ | 1 | | | | | | | | | |
| | 2 | | | | | | | | | |
| | 3 | | | | | | | | | |
| | ⋮ | | | | | | | | | |
| | $n$ | | | | | | | | | |

**作业**

（1）我国主要大豆产区的育种目标各有哪些具体要求？

（2）大豆育种的试验技术中的亲本及各个世代种植应注意什么？产量比较试验有哪些内容？

（3）大豆杂交育种方法的亲本选配，杂交方式选择应注意什么？

（4）大豆南繁加代过程中各个性状选择时应注意什么？

（5）杂种群体自交分离世代的选择处理方法有哪些？

（6）自然变异选择育种法的基本步骤和技术关键是啥？单株选择分几个阶段进行？

（7）大豆育种选择时应注意哪些方面？

（8）大豆家系品种选育的一般步骤是什么？

# 第三十三章 小麦遗传育种程序

**实习目的**

通过本实习使学生熟悉并掌握小麦在不同种植区的育种目标，小麦亲本及杂种各个世代的种植，小麦杂交育种的亲本选配、复合杂交及杂种后代的处理和选择。

## 第一节 小麦的育种目标

### 一、北方冬麦区

全国分为北方冬麦区、南方冬麦区和春麦区三大麦区，10 个生态区和相应的 10 个小麦生态类型。北部冬麦区冬季寒冷、降雨量偏少，小麦生育后期常遇见干旱和干热风危害，条锈病是主要病害；近年来白粉病日趋严重，赤霉病、叶枯病和根腐病对部分地区的小麦造成危害。小麦品种应是越冬性好、早熟、高产、抗旱和抗倒、抗条锈病、白粉病及其他一些病害。

### 二、南方冬麦区

南方冬麦区，云贵高原部分地区除外，高温、多雨、土壤湿度高、收获时正逢雨季，易发生穗发芽。赤霉病和白粉病是这个麦区的主要病害，在部分地区条、叶及秆锈病流行危害。所以要求品种早熟、抗倒伏和耐湿性强、抗穗发芽、抗赤霉病、白粉病及其他一些病害。

### 三、春麦区

春麦区包括东北平原、甘蒙高原、新疆盆地和青藏高原，地域广阔，海拔高低悬殊，生态条件复杂，病虫害和逆境灾害有很大不同，故要求小麦品种具有相应于各地生态条件的丰产性和抗逆性。此外，各麦区都有相当面积的旱、薄、涝、洼和盐碱地，应加强这些地区的抗逆条件育种工作。为了满足日益发展的人民生活和经济要求，还要注意改善小麦的品质。应用化学除草的地区还应注意品种抗除草剂特性的选育。

## 第二节 小麦杂交育种

### 一、亲本的选择

杂交育种是我国推广品种的主要育种途径，亲本选配时注意扩大种质资源的利用范围，扩大国内外及野生近缘种资源利用，采用随机多交、轮回选择等育种手段拓建种质库。双亲的性状水平，利于优良品系的选育，杂种后代的表现和双亲的平均值有密切关系，就主要性状而言，双亲具有较多优点和性状能互补，双亲性状总和较好，后代表现趋势也较好，选出优良材料机会较多。选择遗传差异较大的亲本进行杂交，能创造丰富的遗传变异，产生较多的超亲分离，提供更多的选择机会。

## 二、杂交方式及选择方法

随着育种目标涉及方面越广，采用多亲本复合杂交将多个亲本的性状综合起来满足育种目标要求，杂种后代的处理和选择，亲本选配得当，需要对杂种后代进行正常和精心培育。小麦是已经高度改良的作物，组合配置成功率很小。应根据 $F_2$ 分离群体中是否出现优良表现型而决定组合的取舍，不能采取根据 $F_2$ 平均表现优劣取舍。保证优良 $F_2$ 组合有较大的群体，增加 $F_3$ 的株行数目适当减少株行内株数，同样在 $F_4$ 代种植和保留较多的系统群比增加系统群内的株行数更为有利。自 $F_4$ 代以后系统内选拔更优良单株的潜力越来越小，随着世代的推进，育种工作越集中于少数优良的系统群内的株行。

在杂交后代分离群体中，控制性状的基因和遗传分离的复杂性及各性状的遗传率大小和稳定的世代不同，各世代选择的对象和考虑的性状不尽相同。简单的质量性状和数量性状遗传率较高，可在早代选择。而遗传率较低的数量性状，因存在较大的基因型环境互作和株间的生长竞争，可在 $F_3$ 代以后根据株行的整体表现进行选择可靠性最高。根据育种目标采取相应的种植条件并创造使目标性状充分表现的条件，再加以明确选择方向，可使杂种群体的性状沿着一定的方向发展，育成符合育种目标要求的品种。变换杂种不同世代种植条件或异地培育，对培育品种的广适性有很大作用。

# 第三节　小麦亲本及杂种世代的种植

## 一、亲本及 $F_1$

经过鉴定的种质资源可按照类别选作亲本，种于亲本圃中，一般点播或稀条播行距 $45\sim60cm$，以便于杂交操作为准。骨干亲本和有特殊价值的亲本分期播种，以便彼此花期相遇。选种圃的种植以系谱法为例，$F_1$ 按照组合点播，加入亲本行及对照行。整个生育期内特别是在抽穗前后进行细致和及时的观察评定。针对组合缺点分别配以品种或杂种 $F_1$ 组成三交或双交，为此 $F_1$ 的种植行距也应较宽，以便于杂交操作为准，株距 10cm 左右以便于去伪去杂。除有明显缺陷者外，$F_1$ 一般不淘汰组合，按照组合收获。

## 二、分离世代

$F_2$ 或复交 $F_1$ 按照组合点播，每组合 $2000\sim6000$ 株，株距以利于单株选择又能在一定面积上种植较大群体为宜，一般 $6\sim10cm$。在优良组合 $F_2$ 中选的优良单株，翌年种成 $F_3$ 株系，点播，一般株距为 4cm 左右。其后按系谱法继代选择种植，直至选到优良的、表现一致的系统升级进入鉴定圃。选种圃各世代种植的规格、行距及行长大体一致，利于田间规划和进行播种、田间管理等操作。每隔一定行数要设置对照以参照对照表现确定选择杂种单株或品系的标准。对照也可作为田间的一种标志，便于观察鉴定，避免发生错误。在杂种早代材料数量较多时尤为必要。

在进行抗病育种时，与试验行垂直设置病害诱发行，在诱发行中接种，使得试验行在传播机会相等的条件下发病。同时在试验行适当位置上设感病对照，根据感病对照的发病情况确定抗病性的选择标准。在整个选种圃中，施肥及田间管理尽量一致，便于作出客观评价。

# 第四节　小麦主要育种性状

（1）出苗期：全试区中第一叶在地面上展开的苗数达到50％以上的日期。

（2）分蘖期：全试区中第一分蘖芽露出叶鞘 1cm 的苗数达到50％以上的日期。

（3）拔节期：全试区中主茎基部第一节离地面1～2cm 的苗数达到50％以上的日期。

（4）抽穗期：全试区中顶小穗露出叶鞘的株数达到50％以上的日期。

（5）开花期：全试区中麦穗出现花药的株数达到50％以上的日期。

（6）成熟期：全试区中麦穗中部籽粒内呈蜡质硬度的株数达到75％以上的日期。

（7）全生育期：从出苗到成熟的日数。

（8）分蘖数：每试区取有代表性的1～2行或3～5个取样段，计算越冬前分蘖数，返青后最高分蘖数，抽穗后有效分蘖数，有效分蘖数与最高分蘖数的比值是成穗率。

（9）植株高度：成熟前测量，从地面到穗顶且不计芒的厘米数。

（10）每穗小穗数：每穗小穗总数包括不育小穗数，另计每穗有效结实小穗数。

（11）千粒重：两份 1000 粒干粒重量的平均数。

（12）容重：每升容积内的干籽粒克数。

（13）抗锈性普遍率：感病叶片或茎数占总叶片或茎数的百分率。

表 33－1 为小麦育种主要性状调查记载表。

表 33－1　　　　小麦育种主要性状调查记载表

| 小区 \ 性状 | 单株 | 分蘖数 | 成穗率 | 株高 | 每穗粒数 | 千粒重 | 容重 | 抗锈性普遍率 | 抽穗期 | 成熟期 |
|---|---|---|---|---|---|---|---|---|---|---|
| 品系/组合 1 | 1 | | | | | | | | | |
| | 2 | | | | | | | | | |
| | 3 | | | | | | | | | |
| | ⋮ | | | | | | | | | |
| | $n$ | | | | | | | | | |
| 品系/组合 2 | 1 | | | | | | | | | |
| | 2 | | | | | | | | | |
| | 3 | | | | | | | | | |
| | ⋮ | | | | | | | | | |
| | $n$ | | | | | | | | | |
| ⋮ | 1 | | | | | | | | | |
| | 2 | | | | | | | | | |
| | 3 | | | | | | | | | |
| | ⋮ | | | | | | | | | |
| | $n$ | | | | | | | | | |

续表

| 小区 \ 性状 | 单株 | 分蘖数 | 成穗率 | 株高 | 每穗粒数 | 千粒重 | 容重 | 抗锈性普遍率 | 抽穗期 | 成熟期 |
|---|---|---|---|---|---|---|---|---|---|---|
| 品系/组合 n | 1 | | | | | | | | | |
| | 2 | | | | | | | | | |
| | 3 | | | | | | | | | |
| | ⋮ | | | | | | | | | |
| | n | | | | | | | | | |

**作业**

（1）小麦的育种目标在不同种植区各有何要求？

（2）小麦亲本及杂种各个世代的种植有何特点？

（3）小麦杂交育种时应注意哪几方面的内容？

（4）小麦育种过程中应用了哪些遗传原理？

# 第三十四章　杂交玉米繁种制种技术

**实习目的**

通过本实习使学生熟悉并掌握玉米的杂种优势，亲本自交系的繁种技术及杂交制种技术。

## 第一节　玉米杂种优势

玉米是利用杂种优势最早的作物之一，除用自交系配置杂交种外，还用雄性不育系配置杂交种。当前玉米生产上以自交系间杂种优势利用较为普遍。玉米是异化授粉作物，容易发生生物学混杂。因此生产纯度高的种子，是杂交玉米繁种制种的中心任务。杂交玉米繁种制种的要点，一要设置隔离区；二要父母本花期相遇良好；三要亲本自交系的纯度高；要严格去杂去劣；四要对母本自交系进行人工去雄和辅助授粉。

## 第二节　亲本自交系的繁种技术

为保证亲本自交系的纯度，必须分别将各个亲本自交系在严格隔离条件下进行繁殖。选地隔离，选择好隔离区是保证种子纯度的关键，应选择地势平坦，土地肥沃，灌溉方便的地块。隔离方法，空间隔离要求 300m 以内不种其他玉米或利用山岭、树林、村庄等自然屏障，以免其他玉米花粉传入隔离区内。时间隔离是在夏播玉米地区可春播制种，春播玉米地区不能采用时间隔离。为了隔离安全，有时把上述隔离方法结合使用，效果更佳。

隔离区的各个自交系制种比例根据自交系产量高低而定。一般情况下，单交制种父母本自交系的繁种比例大致为 1∶4，双交种（甲×乙）×（丙×丁）四个自交系的繁种比例大致为甲∶乙∶丙∶丁＝4∶2∶2∶1。加强田间管理，自交系生长势较弱，易受不良外界条件的影响，因此对繁殖隔离区必须注意精种细管，以提高自交系的产量。严格去杂去劣，在苗期、抽雄前及收获后，要严格去杂去劣。

## 第三节　杂交制种技术

### 一、选地和隔离方法

选择好隔离区是保证种子纯度的关键，应选择地势平坦，土地肥沃，灌溉方便的地块。隔离方法，空间隔离要求 300m 以内不种其他玉米或利用山岭、树林、村庄等自然屏障，以免其他玉米花粉传入隔离区内。时间隔离是在夏播玉米地区可春播制种，春播玉米地区不能采用时间隔离。为了隔离安全，有时把上述隔离方法结合使用，效果更佳。

### 二、规格播种

确定父母本的播种期，如果亲本自交系间的生育期不同，为保证花期相遇，可根据宁可母本等父本，不可父本等母本的原则确定播种期。一般应使母本的抽丝期比父本早 2～3d。若两亲本自交系花期相同或母本抽丝期比父本早 2～3d，可以同期播种。若两个亲本抽丝期相差 5d 以上，春播晚熟亲本的提早播种的日数是父母本花期相差日数的 1.5 倍；夏播晚熟亲本是 1 倍。为防花期不遇，还可分期播种采粉区。

### 三、父母本行比

一般情况下是单交种制种区为 1：3 或 1：4；双交种制种区为 1：4。父本行或母本行播种标记作物。合理密植，保证播种质量，做到一次全苗，种植密度按照自交系特性而定，单交种制种区 4000～4500 株，双交种制种区 3000～3500 株。严格去杂，在苗期、抽雄期及脱粒前分三次，根据自交系性状的特点，严格去杂去劣。

### 四、母本彻底去雄，配置杂交种

母本去雄好坏是关系制种成败的关键。去雄应做到及时、干净、彻底。所谓及时就是在母本雄花刚抽出尚未散粉之前就拔除。干净就是一个小分枝都不残留地把整个雄穗拔除。彻底就是整个制种区应一株不留的拔除母本雄花。加强人工辅助授粉，由于玉米自交系生长势弱，花粉量少，为提高繁殖制种产量，必须进行人工辅助授粉 2～3 次，特别在父母本花期相遇不良的情况下，这项工作更应加强。

### 五、分收分藏

繁殖制种的玉米成熟后，各个隔离区不同亲本的果穗应分别及时收获，一般先收父本，以保证母本上所收杂种种子的纯度。做到分收、分晒、分脱、分藏，严防机械混杂，并及时在袋内外放置和挂好标签，在标签上注明名称、生产种子的时间、单位和种子数量。

### 六、作业

（1）玉米亲本自交系的繁种如何操作？

（2）玉米杂交制种技术应注意哪些方面？

# 第三十五章　棉花杂交制种技术

**实习目的**

通过本实习使学生熟悉并掌握棉花的花器构造、人工制种技术及人工制种技术的注意事项。

## 第一节　棉花的花器构造

棉花是花是一种单花，无限花序。其花器较大，也较有利于人工剥花授粉。其花朵由花柄、花萼、花瓣、雄蕊和雌蕊等部分组成，为完全花、两性花。它具有虫媒花的特征，可由昆虫传粉，一般异花授粉率为3%～20%，故称为常异花授粉作物。花柄又称花梗，位于花朵的下面，一端与枝条相连，另一端顶部膨大称为花托，棉铃形成后，花柄则称为铃柄。

苞叶，棉花的花一般有三片苞叶，也有少数的花仅有两片，苞叶又称苞片，在植物学上属于副萼，着生在花的最外层。花萼，位于苞叶与花瓣之间，五片萼片联合着生在花瓣基部的外方，呈现波浪形的一圈，围绕着花瓣。花瓣，棉花的花有5个花瓣，合为花冠，花瓣近似倒三角形，开放的花瓣长大于宽，互相重叠，花瓣外缘左旋或右旋，花瓣的上部、基部和内外缘生有许多无色茸毛，互相交织在一起，将花瓣旋转折叠得非常紧密。

雄蕊，位于花冠之内，单体雄蕊分为花丝和花药两部分，花丝基部联合呈管状，与花瓣基部相连接，套在雌蕊花柱和子房的外面，称为雄蕊管，雄蕊管同花瓣的基部结合在一起。雌蕊，位于花朵的中央，属于合生雌蕊，包括柱头、花柱和子房三部分，柱头是雌蕊顶端接受花粉的部分，上有纵棱，陆地棉4～5棱，海岛棉3～4棱，花柱是连接柱头和子房的中间部分，子房位于花柱下面，是雌蕊的主要部分，它的外形呈圆锥状，在花冠、雄蕊管和花柱等部分脱落后，剩下的就是幼小的棉铃。

## 第二节　人工制种技术

人工制种技术的基本流程是，按一定比例分别种植父本和母本，待母本开花前，先剥去母本的雄蕊，再把父本的花粉涂在母本柱头上，产生杂交铃。自开始剥花授粉至结束制种大约持续35～45d，为提高制种产量，采用全株制种，开始制种前的花铃和结束后的蕾花铃全部清除。

**一、制种田的选择**

应选择地势平坦，通风向阳，排灌方便，中等以上地力的棉田，在满足这些条件后，还要尽量选择无或轻枯黄萎病的棉田。另外不选用黏土地，因为人工去雄制种的关键工序是人工去雄与授粉，雨后或灌溉后制种人员很难进地操作。制种田应尽量靠近村庄，注意距树林 20m 以上，要通风透光，因为人工去雄与授粉工作大多在每年的 7～8 月的高温下操作，杂交制种田若在通风处，既可减轻操作人员中暑的可能，也有利于花粉粒萌发，提高成活率。制种田要求肥水供应及时，田间管理精细，尽量减少蕾铃脱落和机械损伤。

## 二、父母本配比及种植密度

只有父母本种植比例配置合理才能保证经济高效制种，一般来讲，单交制种父母本比例为 1∶5～1∶8。尽管减少父本可以经济用地，但必须保证在任何情况下都要有足够的父本花粉量。小规模制种情况下，因为管理方便，父母本可以按一定比例相间种植，也可以将父本种在母本的地头上。但大规模制种时，最好将父本种植在地头，便于管理和收花。制种的母本密度要比一般棉花大田低，可以等行距或大小行种植。父本密度按照常规大田安排，也可以比常规大田略密一些，可以提高成铃率和杂交制种产量。需要注意的是，密度越低，要求地力越高，肥水供应也越要及时。

## 三、播种及田间管理

亲本种植时，注意调节父母本的花期，使之盛花期完全或基本吻合。当父母本生育期有差异较大时，可适当提前晚亲本的播种期，同时结合摘除早熟亲本的部分早蕾及果枝的方法加以调节。苗期注意查苗、补苗保证预期密度。蕾期结合中耕及时培土，以促进根系下扎，根据亲本叶色，叶形及茎秆颜色等特性，拔除亲本中的非典型株和混杂株。花铃期重施花铃肥，杂交前去除所有的花铃和早桃，制种结束后，去除所有花和蕾，及时防治棉田各种害虫。根据母本田棉花早发的情况去除下部果枝以促进集中成铃。

## 四、制种时间和人员配备

一般在 7 月 5 日前后至 8 月 20 日的 40～45d 时间为制种时间，此期间开的花全部去雄授粉，不允许自花授粉结桃，要求全株制种。人员配备一般是每亩制种田安排制种人员 3～5 人，监督人员每人 9 亩。监督人员每天株行、逐株检查，上午授粉前检查并去除没有去雄的花朵，上午授粉后检查授粉情况，下午去雄后检查去雄情况。

## 五、去雄时间与方法

次日要开的花，头天下午花冠迅速伸长并露出苞叶，每天 14∶00 以后，当花冠呈现黄绿色并显著突出苞叶时开始去雄，大规模制种时，必须要求在头天下午完成去雄，收工前补找一遍。翌日见花就去，不允许再去雄。去雄后最好随即将色彩鲜艳的毛线或布条搭在花柄上作为标记，便于翌日授粉时寻找。去雄方法，棉花去雄采用徒手去雄的方法，用左手拇指和食指捏住花冠基部，分开苞叶，用右手大拇指指甲从花萼基部切入，并用食指、中指同时捏住花冠，按逆时针方向轻轻旋剥，同时稍用力上提，把花冠连同雄蕊一起剥下，露出雌蕊。去雄时应注意指甲不要掐入过深，以防伤及子房。不要弄破子房白膜，不要剥掉苞叶，不要用力过猛拉断柱头，去雄要彻底不留花药。

## 六、人工授粉技术

（一）授粉时间

主要以棉花花药的散粉情况而定，一般是 8∶00～12∶00。由于花药破裂散粉的时间受温度湿度的影响，散粉开始时间也要有所变化。天气晴朗时，温度高、湿度小，棉花散粉早,可略微提前授粉。天阴温度低,湿度大时,棉花花药不易散粉,可适当推迟授粉。当遇到花药不能开裂时,可将花药放在阳光下晾晒至散粉后再授粉。

（二）单花授粉法

从父本上直接取花朵,将花冠后翻,左手拇指、食指捏住母本柱头基部,右手捏住父本花朵,让父本花粉在母本柱头上轻轻转两圈,使得柱头上均匀沾上花粉粒即可。每一朵父本花可给6~8朵母本花授粉,当花粉用尽时,及时换另一朵父本花。为便于操作,可将父本花收集在一个小纸盒内,将纸盒挂在胸前,用一朵取一朵。

（三）小瓶授粉法

授粉前将父本花粉收集在小瓶子内,瓶盖上凿制一小孔。授粉时左手轻轻握住已经去雄的花蕾,右手倒拿小瓶,将瓶盖上的小孔对准柱头套入,或用手指轻叩小瓶,然后拿开,授粉即毕。该方法简便易用,特别是能保证父本棉花也有一定的产量和收入。雨水或露水过大,柱头未干时不宜授粉,否则花粉粒因吸水破裂而失去生活力。导致授粉不充分影响成铃率或增加不孕子。

（四）制种应变措施

在棉花杂交制种期间,常常会遇到高温干旱,连阴雨等异常天气,对人工去雄制种带来诸多不便,直接影响棉花杂交制种的产量和质量。对此可以根据实际情况,采取应变措施。制种期间如上午有雨不能按时授粉,可在早上父本花未开时,摘下当天能开花的父本花朵,均匀摆放在室内晾晒一段时间,雨停后棉株上无水时再授粉,时间应掌握在15∶00以前完成。灌水降温,当气温高达35℃以上时,散粉受精均会受到一定程度影响。若出现持续高温趋势时,可在夜间灌水,达到增湿降温的目的。灌水时要根据土壤类型确定水量,以不影响田间操作为宜。补充授粉,由于棉花柱头一般生活力均在2d左右,因而授粉后若遇到雨水,等雨水停后可再次授粉。

（五）注意事项

棉花杂交制种的关键要求是质量,质量有两个方面的要求:一是纯度,这取决于亲本纯度、田间去杂、去雄授粉过程的控制和收花及加工过程的管理;二是种子成熟度,它直接关系到种子发芽出苗的能力,主要取决于地力与肥水管理及制种开始与结束时间等。杂交种生产过程中应该特别注意亲本可靠、注意浇水、及时防虫、从轻化控、适时结束杂交、保证纯度和地头收花。

七、作业

（1）棉花的花器构造有哪几部分组成?

（2）棉花常用的人工授粉技术是什么?授粉时应注意什么?

（3）棉花杂交制种时对父母本配比及种植密度、播种及田间管理、制种时间和人员配备、去雄时间与方法有哪些要求?

（4）如何保证棉花杂交种的纯度和种子成熟度?

# 第三十六章　棉花原种种子生产技术

**实习目的**

通过本实习使学生熟悉并掌握棉花原种生产、单株选择、株行选择、株系选择及原种加工的各个过程。

## 第一节　单　株　选　择

选单株是原种生产的基础，也是棉花原种生产的技术关键。对已经建立三年三圃制度的单位可从株行圃、株系圃、原种圃或纯度较高的繁种田中选择优良单株；对刚建立三年三圃制度的单位，可从纯度高、生长整齐一致、无枯萎病、黄萎病的棉田中进行单株选择；也可从其他原种场直接引种。

**一、单株选择的要求和方法**

典型性，从品种的典型性入手，选择株型、叶型、铃型等主要特性符合原品种的单株。丰产性和品质，在典型性的基础上考察丰产性，感官鉴定结铃和吐絮、绒长、色泽等状况，注意纤维强度。病虫害，有枯萎病和黄萎病的植株不得当选。

**二、单株选择的时间**

第一次在结铃盛期，着重观察叶型、株型、铃型，其次是观察茎色、茸毛等形态特征，并用布条做好标记；第二次在吐絮收花前，着重观察结铃性和三桃分布是否均匀，其次是早熟性和吐絮是否舒畅，当选单株按照田间种植行间顺序在主茎上挂牌编号。在结铃期初选，吐絮期复选，分株采摘，选种人员相对固定，以保持统一标准。

**三、单株选择的数量**

根据下一年株行圃面积而定，每公顷株行圃1200～1500个单株，单株的淘汰率一般为50％。因此，田间选择时，每公顷株行要选3000个单株以上，以备考种淘汰。

**四、收花**

收花时在当选单株中下部摘取正常吐絮铃一个，对其衣分和绒长可进行握测和目测，淘汰衣分和绒长太差的单株。当选单株，每株统一收中部正常吐絮铃5个（海岛棉8个）以上，一株一袋，并在种子袋上挂上标牌，晒干贮存供室内考种。

**五、室内考种和决选标准**

考种项目为绒长、异籽差、衣分、籽指和异色异型子。考种方法为应该按照顺序考察4个项目，即纤维长度及异籽差、衣分、籽指和异色异型籽率。在考种过程中，有一项不合格者即行淘汰，以后各项不再进行考种。纤维分梳前必须先沿棉种腹沟分开理直。衣分、籽指，每一个样品要做到随称随轧，以免吸湿增重，影响正确性。固定专人和统一考种标准。单株考种结果的异籽差应在 4mm 以内，异色异型籽率不能超过 2%。

# 第二节　株　行　圃

## 一、株行比较

目的是在相对一致的自然条件和栽培管理条件下，鉴定上一年所选单株遗传性的优劣，从中选出优良的株行。将上一年当选的单株种子分行种植与株行圃，每个单株种一行，顺序排列，每隔 9 或多个株行设对照行，对照为本品种的原种，一般不设重复。

## 二、田间观察鉴定

在棉花整个生育期，田间观察记载的时期重点为 3 个时期，苗期、花铃期和吐絮期。苗期观察整齐度、生长势、抗病性等；花铃期着重观察各个株行的典型性和一致性；吐絮期根据结铃性、生长势、吐絮的集中程度和舒畅度等，着重鉴定其丰产性、早熟性等，并对株型、叶型及铃型进行鉴定；检查病虫害，在不同发育时期重点检查有无枯萎病及黄萎病的感染程度。

## 三、田间选择和淘汰标准

根据田间观察和纯度鉴定结果，进行淘汰。田间株行淘汰率一般为 20% 左右。田间淘汰的株行可混行收花，不再测产和考种。当选株行分行收花，并与对照进行产量比较，作为决选的参考。凡是株行产量明显低于对照的淘汰。

## 四、株行圃的考种和决选

田间当选株行及对照行，每株行采收 20 个铃作为考种样品。考种项目为单铃重、纤维长度、纤维整齐度、衣分、籽指和异色异型籽率。考种决选的标准为单铃重、纤维长度、衣分和籽指与原品种标准相同。纤维整齐度在 90% 以上，异型籽率不超过 3%。

## 五、收花测产

对当选株行必须做到分收、分晒、分轧、分存，以保证种子质量。淘汰行混合收花。依据田间观察初选和室内考种进行决选，株行的决选率一般为 60%。

# 第三节　株　系　圃

## 一、分系比较

目的是鉴定比较上一年决选株行遗传的优势，从中选出优良株系，以供繁殖和生产原种。将上一年当选株行的种子分系种植于株系圃。每株系行数视种子量而定。每株系抽出部分种子另设株系鉴定圃。常采用间比法试验设计，2~4 行区，行长 10m，每隔 4~9 个株系设一对照，同时设置重复 2~4 次。

## 二、田间观察、取样、测产及考种鉴定

田间观察、取样、测产及考种鉴定项目与株行圃相同。每株系和对照各采收中部 50 个吐絮铃作为考察样品。除考察纤维长度为 50 个铃外，其余考察项目和方法与株行圃相同。

### 三、株系决选

根据观察记载、测产和考种资料进行综合评定，当选株系中杂株率达到 0.5% 时，该株系全部淘汰；如果杂株率在 0.5% 以下，其他性状符合要求，则拔除杂株后可入选，株系圃决选率一般为 80%。

# 第四节　原　种　圃

根据上年株系鉴定结果，把当选株系的种子分系或混系种植于同一田块，即为原种圃，生产出的种子为原种。原种圃的种植方法有两种：分系繁殖法和混系繁殖法。

### 一、分系繁殖法

将上年当选的株系种子分系播种，一个株系一个小区，在花铃期和吐絮期进行田间观察鉴定和室内考种比较。田间观察和室内考种项目和方法与株系圃相同。最后综合评定，选出优良株系的种子混合即为原种。

### 二、混系繁殖法

是将上年当选的株系种子混合播种于原种圃。原种子棉可在原种厂的加工厂或种子部门指定的棉花保种轧花厂加工。原种的破籽率不超过 2%，原种可轻剥短绒两遍，保持种子水分 12% 以下干燥贮藏。

### 三、作业

（1）棉花原种生产的单株选择的操作要点？

（2）棉花原种生产的株行选择及株系鉴定的操作过程？

# A 县 B 村各作物产量及所需水量示意图、
# 土地利用现状图

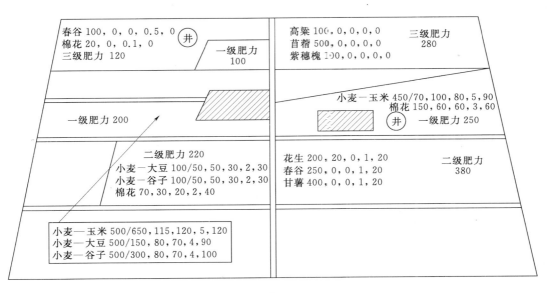

附图 1　A 县 B 村各作物产量及所需肥水量示意图

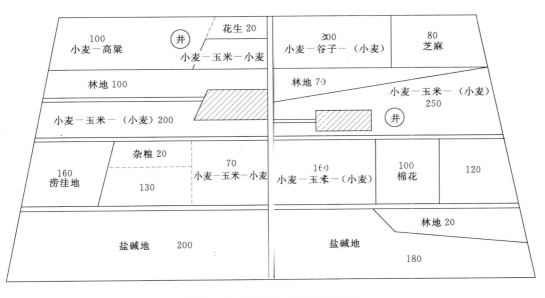

附图 2　A 县 B 村土地利用现状图

# 农事操作要点记录格式

记录从播前准备到收获测产各个环节的操作要点。学生在每次实践完成后，要及时记录当天的实践情况。同时要观测天气变化情况，记录一些特殊的天气状况，如下雨、下冰雹、大风、下霜等。

把平时的实践操作要点、田间管理方法、作物长势长相、作物生长期的气候特点、自然灾害、作物测定项目与方法作详细记录。例如，某次玉米大口期追肥的记录如下：

6 月 18 日　玉米施肥：先称取打碎的尿素颗粒（含氮量 45.8%）300g，然后在（小区面积 18m²）玉米行间用开沟锄开沟 10cm 深，把尿素均匀撒于行间，覆土。

这样，在写总结时，就可以知道玉米的追肥时期、数量、类型、方法。

农事操作要点记录到下面的表中。

　　月　　　日＿＿＿＿＿＿＿＿＿＿＿＿＿＿＿＿＿＿＿＿＿＿＿＿＿＿＿＿＿＿＿

　　月　　　日＿＿＿＿＿＿＿＿＿＿＿＿＿＿＿＿＿＿＿＿＿＿＿＿＿＿＿＿＿＿＿

　　月　　　日＿＿＿＿＿＿＿＿＿＿＿＿＿＿＿＿＿＿＿＿＿＿＿＿＿＿＿＿＿＿＿

　　月　　　日＿＿＿＿＿＿＿＿＿＿＿＿＿＿＿＿＿＿＿＿＿＿＿＿＿＿＿＿＿＿＿

　　月　　　日＿＿＿＿＿＿＿＿＿＿＿＿＿＿＿＿＿＿＿＿＿＿＿＿＿＿＿＿＿＿＿

　　月　　　日＿＿＿＿＿＿＿＿＿＿＿＿＿＿＿＿＿＿＿＿＿＿＿＿＿＿＿＿＿＿＿

　　月　　　日＿＿＿＿＿＿＿＿＿＿＿＿＿＿＿＿＿＿＿＿＿＿＿＿＿＿＿＿＿＿＿

　　月　　　日＿＿＿＿＿＿＿＿＿＿＿＿＿＿＿＿＿＿＿＿＿＿＿＿＿＿＿＿＿＿＿

　　月　　　日＿＿＿＿＿＿＿＿＿＿＿＿＿＿＿＿＿＿＿＿＿＿＿＿＿＿＿＿＿＿＿

　　月　　　日＿＿＿＿＿＿＿＿＿＿＿＿＿＿＿＿＿＿＿＿＿＿＿＿＿＿＿＿＿＿＿